TONGYAN MEIJI YANGCHENGSHU

童颜美肌
养成书

《女友》杂志◎编

U0264508

吉林出版集团 Jilin Publishing Group | IC 吉林科学技术出版社 JiLin Science&Technology Publishing House

图书在版编目（CIP）数据

童颜美肌养成书 / 《女友》杂志编. — 长春：吉林科学技术出版社，2012.10
ISBN 978-7-5384-6235-7

Ⅰ．①童… Ⅱ．①女… Ⅲ．①女性－美容－基本知识
Ⅳ．①TS974.1

中国版本图书馆CIP数据核字（2012）第219618号

童颜美肌养成书

编	《女友》杂志	
出 版 人	李 梁	
选题策划	海 欣	
特约编辑	杨 光	
责任编辑	樊莹莹	
封面设计	长春茗尊平面设计有限公司	
制 版	长春美印图文设计有限公司	
开 本	889mm×1194mm 1 / 20	
字 数	260千字	
印 张	7.5	
版 次	2013年8月第1版	
印 次	2013年8月第1次印刷	

出 版 吉林出版集团
 吉林科学技术出版社
发 行 吉林科学技术出版社
地 址 长春市人民大街4646号
邮 编 130021
发行部电话 / 传真 0431-85677817 85635177 85651759
 85651628 85600311 85670016
储运部电话 0431-84612872
编辑部电话 0431-86037583
网 址 www.jlstp.net
印 刷 延边新华印刷有限公司

书 号 ISBN 978-7-5384-6235-7
定 价 29.90元

每个女人都想把肌肤恢复到20多岁的样子并让自己的肌肤不会随着年龄的增长有所变化，女人冻龄不只是说说而已，你可以一天不化妆，但不能一天不护肤。将自己的肌肤"冻龄"在最佳的状态。所以从现在开始让自己"童颜永驻"吧！

　　减缓肌肤衰老，你才有素颜的资本。要想童颜，首先应该了解自身的肌肤问题，才能准确地美肤，恢复童颜美肤。秘诀就在这本书中，教你养肤、护肤、美肤，换季的时候美肤达人教你正确的锁水方法，充足的水分让你的肌肤水嫩透白，针对各种肤质的深入研究……各种达人养肤经验，助你养成水嫩肌肤，童颜再现让你永远拥有20几岁的肌肤。

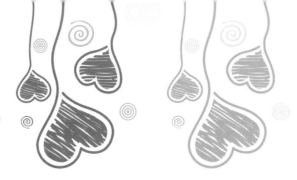

CONTENTS
目 录

1

美丽访问
摸清自己的肌肤脾性

2

再懒也要坚持
做的基础护理

3

肌肤冻"龄"
资深达人的护肤锦囊

4

美人心计
塑造零缺陷无瑕肌

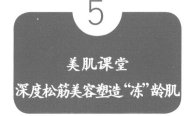

1

美丽访问
摸清你的肌肤脾性

你是哪种肤质，你知道吗

测试：你是属于哪种肤质呢？

对自己的肌肤你了解吗？不同的皮肤，应该选用不同的化妆品，护理方法也各不相同。如果你不知道自己的肤质，所用的护理方法不当，会对皮肤造成很大的伤害。所以赶快来看看你是属于哪种肤质的吧？

1. 一天下来，你脸上的皮肤出油吗？

a 几乎不出油 →到题2

b 出油 →到题4

2. 你觉得脸上有干燥紧绷的感觉吗？

a 没有 →到题3

b 有 →到答案（A）

3. 你的年龄大约是：

a 27岁以下 →到答案（B）

b 28岁以上 →到答案（C）

4. 你脸上的出油状况是：

a T区（额头和鼻子）比较油，两颊较少出油 →到题5

b 全脸都出油 →到题6

5. 两颊感觉干燥或紧绷吗？

a 两颊有干燥紧绷感 →到答案（D）

b 脸颊没有干燥紧绷感 →到答案（E）

6. 虽然出油，脸上有紧绷感吗？

a 没有 →到答案（F）

b 虽然油却也觉得有紧绷感 →到答案（G）

答案
ANSWER

（A）你是干性肌肤。皮肤的优点是细腻，但因为缺水容易老化，所以特别需要给肌肤由内至外的补水保湿，而且需要及早减缓肌肤老化。

（B）非常幸运，你是百里挑一的中性肌肤，如婴儿般不油不干。但要注意哦，不加呵护，皮肤会变干，建议你及早保养，留住完美的肌肤。

（C）你原来可能是中性肌肤，但由于年龄增长的关系，很快就会向混合偏干变化。

（D）你是混合型肌肤。在夏季，亚洲人中70%～80%的人都是混合型肌肤，不过你是混合型偏干的肌肤，T区油，两颊偏干。皮肤的需求不同，所以，对于T区和两颊建议采取"区别对待"。

（E）你是混合型肌肤，在夏季，亚洲人中70%～80%的人都是混合型肌肤，不过你是混合型偏油的肌肤。

（F）你是在女性中比较少见的油性肌肤。优点是你的肌肤不易老化，缺点是容易出油、脱妆、长痘。

（G）你是非常少见的油性但缺水的肌肤。你在控油的同时，一定要加强补水！

class 1

美丽访问
八大常见肤质排排坐

肤质特征　肤质特征：干性皮肤，指肤质细腻、较薄，毛孔不明显，皮脂分泌少而均匀，没有油腻感觉。皮肤比较干燥，看起来显得清洁、细腻而美观。干燥性皮肤，皮肤角质层水分低于10%，皮脂分泌量少，表现为多皱无光泽。干性皮肤最明显的特征是：皮脂分泌少，皮肤干燥、白皙、缺少光泽，毛孔细小而不明显，并容易产生细小皱纹，毛细血管表浅，易破裂，对外界刺激比较敏感，皮肤易生红斑，其pH为5.5～6.0之间，可分为干性缺水和干性缺油两种。

同时干性皮肤 也可分为 2 类：

1.缺水性干性肌肤

缺水性干性肌肤的美眉们有些根本不知道自己属于干性肌肤，因为她们的皮脂腺没有问题，只是由于护理不当或是其他原因造成肌肤极度缺水。使肌肤内部水分与皮脂失去平衡，导致皮肤反馈性地刺激皮脂分泌增加，造成一种"外油内干"的局面。这种现象会让美眉们误以为是"油性皮肤"，导致很多美眉看到自己满脸油光就盲目地控油。其实，缺水性干性肌肤最忌讳用强

性控油产品和吸油纸。因为这两样东西只能暂时性去除肌肤上的表层油光，但这种肌肤如果脸上没有了油脂的保护，皮脂腺又开始疯狂工作，不一会儿，油光还是会重现的。补水补水再补水，才是缺水性干性肌肤美眉们护肤的王道。只要肌肤不缺水，油光也就自然而然地消失了。

2.缺油性干性肌肤

缺水性干性肌肤的美眉们有些根本不知道自己属于干性肌肤，因为她们皮脂腺分泌皮质较少，肌肤因为不能及时、充分地锁住水分而显得干燥，肌肤缺乏光泽，对外界刺激比较敏感。这种现象会让美眉们误以为是"油性皮肤"，所以缺油性干性肌肤的美眉们要特别注意，选择护肤品时不能单纯考虑补水，还要考虑补充油脂。因为这类肌肤的皮脂腺先天不足，不能分泌足够肌肤所需的油脂，只单纯补水，肌肤没有锁水能力，补得快，蒸发得也快，只能造成"越补越干"的恶性循环。

RI CHANG HU LI
日常护理

确定是补水还是补油，还是两者都需要，根据自己是哪一种干性肌肤来确定，缺水性干性肌肤则需要补水，而缺油性干性肌肤则需要同时补水和补油。

1.清洁工作

一定要选用含有温和表面活性剂（浓缩蛋白质脂肪酸、胡藻碱、植物精油）成分的柔和、抗敏感洁面产品洗脸，因其脂质和保湿因子的含量较高。而一般的肥皂或洁面品会使皮肤干燥、过早出现皱纹。如果皮肤特别干燥，可以只在晚上用温水配合卸妆乳液和柔和抗敏感洗面奶洗脸，早上不用任何洁面品只用温水洗即可。

日常护理

2.日常保养工作

白天——特别注重皮肤表面水脂质膜的修复和加强，选择成分足、质量好、添加保湿成分、防护性强的日霜是非常重要的。抹润肤产品时，要让其慢慢地渗入皮肤，用中指轻轻画圈按摩，注意不要使劲揉搓皮肤。

晚上——眼部是夜间保养时的重点，选择眼部保养品时，尽量以滋润补水为主。面部使用含有滋润、营养成分的晚霜。（护唇膏、晚霜之前的活细胞精华素或玫瑰精油、滋润温和含有天然植物精华的滋养面膜等。）

生活
建议2点：

合理饮食，干性肌肤的饮食护理需要注意选择一些脂肪、维生素含量高的食物，如牛奶、鸡蛋、猪肝、黄油及新鲜水果等。

1.清晨起床一杯水

早晨起床后，务必先喝一杯水，这样可以促进血液循环，防止血液黏稠。如果十分疲劳时，可泡热水澡，补充能量，但时间不宜过长。

2.额外的按摩护理

发现肤色暗淡无光时，立即使用按摩霜进行按摩护理。用过之后可以欣喜地感到肌肤恢复了应有的透明感，再对湿润的肌肤进行化妆修饰，效果自然明显。你也可以用啫喱状的保湿霜，以按摩的方式涂抹在肌肤上，或者用化妆水按摩皮肤，再用卸妆棉擦净，肌肤也会立即呈现晶莹剔透感。

中 性 肤 质

肤质特征

中性皮肤就是我们正常的皮肤，其pH值在5～5.6之间，它是健康的理想皮肤，不油腻不干燥，富有弹性，不见毛孔，红润有光泽，不容易老化。多见于发育期前少男少女和婴幼儿以及保养好的人。但此类皮肤易受季节变化影响，夏天偏油腻，冬天偏干燥，因此中性皮肤不能因为它是正常肤质而不重视，应该视季节的不同进行正确的保养，令皮肤腺和汗腺的分泌通畅，以保持皮肤的良好状态，充分注意饮食和睡眠，心情舒畅，以保持皮肤松紧适度。根据季节来选择一些皮肤护理的产品进行保养，如果在室外工作，工作后应当尽可能早的清洗面部。给予充分的水分以保湿皮肤细胞。也可以选择一些营养的面膜和水果蔬菜类做成面膜以保养。平时注意防晒、防燥、防冻、防风沙等。如果不注意保养中性皮肤也会变成干性皮肤或其他类型皮肤。因此中性皮肤也需要保养和护理。

日常护理

中性皮肤在夏季应选择乳液型护肤霜，以保证皮肤的清爽光洁，秋冬季节可选用油性稍大的膏剂，来防止皮肤的干燥粗糙。当然，保持皮肤的清洁也是很重要的一点，中性皮肤可选用碱性小的香皂清洁面部，晚上入睡前可用营养乳液润泽皮肤，使得皮肤保持光滑柔软，也可使用营养性化妆水，以保持皮肤处于不松不紧的状态。

1. 清洁工作

中性皮肤选择洁面产品的范围比较大，水凝胶、固态或液态的洁肤乳都可以。不过还是以亲水性的洁肤乳洗脸为好，并用手以画圈的动作涂抹于脸上，一定要冲洗干净。因为皮肤上的残污会影响保养品渗透角质层的效果。

2. 滋润工作

最好用棉片沾湿润肤水，轻轻地擦净皮肤。润肤水的目的在于除去剩余的洁肤乳残渣、润泽以及平衡皮肤的酸碱值。中性皮肤可以使用含有5%～10%的酒精成分的润肤水。

白天中性肌肤选择日霜的范围很大，不过还是应该选择以能帮助皮肤表面水脂质膜的添补及维护的产品为佳。

晚上一定要用眼霜或眼部凝胶，以指尖轻轻地将眼霜搽上，再由外而内着眼周，轻柔地做圆形的滑动。晚霜可以选择较为清爽的乳液状产品。

3. 按摩

使用含水分较多的霜或液进行按摩，每周1～2次。如果觉得按摩很麻烦，那么每天洗完脸后，在皮脂膜和酸性膜恢复的同时轻轻地按压脸部，这样能够促进血液和淋巴的循环，效果等同于按摩。要注意，虽然中性皮肤是最正常的，但是有可能随着季节的变化会有所改变，比如夏天可能偏向中油性，冬天则偏向中干性。

4. 每天喝8杯水，不要以茶、果汁、汤、咖啡或其他饮料代替，而且要持之以恒。

5. 仗着肤质好就不卸妆可不是一个好习惯！好在你选用的范围很广，眼部的卸妆品可以根据睫毛膏是否防水而选择。

6. 借着洁面的时机按摩一下皮肤，大约30秒钟，以增强血液的循环，让肤色更亮丽。

7. 用清水洁肤后，将面部的水轻轻拍入肌肤的表层。不要揉拭皮肤，尤其是眼部，以免给皱纹的产生打下伏笔。

8. 用爽肤水，注意避开眼部周围。

9. 将保湿液点在面上各个部位，然后用指尖以打圈的方式轻轻按摩。这层保湿品防止水分蒸发，又能帮助上妆。

生活建议3点：

1. 脸部中间的"T"字部位需要抑制皮脂分泌，从而使皮肤清爽不泛油光；

2. 两颊、颧骨等干燥部位需要补充水分；

3. 在早、晚清洁脸部时，中间部位需要加强清洁；

混 合 性 肤 质

肤质特征
混合性皮肤都兼有油性皮肤和干性皮肤的两种特点：在面部T区（额、鼻、口、下颌）呈油性，其余部位呈干性。混合性皮肤多见于25～35岁之间的人。我国大部分人都属于此类皮肤。

现在混合性皮肤的人越来越多了。除了一些人是天生的混合性皮肤，还有一部分人是随着压力而变成混合性皮肤的。还有以前是中性皮肤或油性皮肤，也会随着年龄、环境等变成混合性皮肤。

生活建议1点：
依不同季节选用一套适合自己的护肤品，坚持日常基础护理，保持完美肤质。

RI CHANG HU LI
日常护理

混合性皮肤的状况并不是非常稳定的，有时很干燥，有时会皮脂分泌旺盛，所以在每天例行保养中，最好是根据当天的皮肤状况去改变保养的方法：

1. 清洁

可选择去污力强的洗面奶，重点清洁额部、鼻部、口周及下颌部位的油性皮肤处，而面颊部位只是一带而过即可达到综合清洁的效果。洁面时，还可采用冷热水交替洗脸，可用温热水将"T"字部位清洗干净，再用冷水将整个脸部清洗干净。

2. 深层护理

每周做1～2次面膜，达到深层清洁和补水的目的。如果你觉得自己肌肤干燥紧绷问题严重，就可以用专门补水的面膜。

如果你觉得自己的毛孔粗大和出油问题严重一些，可以试试海洋矿物泥面膜，来吸取毛孔中的污垢，吸去多余的油分。

3. 水油平衡

最简单的水油平衡办法就是找到一款特别针对混合性肌肤，具有控油、保湿、滋润三合一功效的乳液，它能迅速滋润干燥部位，降低"T"字区的油脂分泌。

肤质特征 油性皮肤的皮囊偏大，容易长黑头和粉刺，它的肤质特征是表面有光泽，尤其是"T"区经常泛油光，毛孔粗大，皮脂分泌过多，不易出现皱纹。但是这类皮肤由于皮脂过盛，使污垢易于附着皮肤上，易长粉刺、黑头和小疙瘩。油性肤质分为两种情况：

第一种：外油内干：脸部看上去明显很油腻，泛油光，且容易长痘痘。

第二种：内油外干：从外面看不出来，长痘痘也不多，但全脸毛孔粗大，且容易脱水掉皮。

RI CHANG HU LI
日常护理

1. 做好肌肤清洁工作：每天至少要彻底洗脸两次，早上起床后一次，晚上临睡前一次。洗脸前，要先将双手洗净，如果手脏或沾有油时，洗面奶则不容易发泡。待洗面奶充分发泡后再轻轻地涂在面部，不能用力过猛，否则会伤害皮肤的角质层。如果你有化妆的习惯，一定要先使用卸妆液卸除彩妆，然后再用洗面奶时，要用指尖轻轻地绕着圈圈搓揉。如条件允许，洗过脸后，可以将脸浸入加有几个冰块的冰水之中。这样可以使毛孔立即收缩，增加皮肤弹性，并且还能清醒头脑，明澈双目。

2. 做好补水工作：皮肤本身只能分泌油脂，而不能提供肌肤所需的水分，因此需要外界为肌肤注入水分，选择适合自己的补水护肤品。每天早晚洁面之后补水，保持肌肤表层水油平衡。

3. 选择适合的祛痘品：在长痘初、中期选择适合自己的护肤品来治愈痘痘，避免使用药膏、霜等含有激素的祛痘品，可以使用类似萱语萱颜植物药妆型的祛痘精纯露，温和不刺激，祛痘除印控油修复多效合一，适合长痘群体。

4. 及时应对并发症状：除痘痘之外，油性皮肤出现的黑头、毛孔粗大问题应及时应对，平时需做好基础护理工作，像面膜、去角质每隔几天就要做一次，多种问题并发也可以使用神奇的薰衣草深层调理复方精油来护理肌肤，精油的强大功效可帮助油性皮肤控制肌肤表层水油平衡。

生活建议5点：

1. 油性皮肤保养的关键是保持皮肤的清洁。为了将分泌的油脂清洗干净，建议应选择洁净力强的洗面乳，一方面能清除油脂，一方面也能调整肌肤酸碱值。

2. 洗脸时，将洗面乳放在掌心上搓揉至起泡，再仔细清洁"T"字部位，尤其是鼻翼两侧等皮脂分泌较旺盛的部位，还有长痘的地方，则用泡沫轻轻地画圈，然后用清水反复冲洗20次以上才可以。

3. 洗脸后，可拍收敛性化妆水，以抑制油脂的分泌，注意尽量不用油性化妆品。

4. 晚上洁面后，也可适当地按摩，以改善皮肤的血液循环，调整皮肤的生理功能。

5. 油性皮肤面部出现感染、痤疮等疾患时，应及早治疗。

6. 使用吸油面纸的方法：为了避免尴尬，吸油面纸是许多女性化妆包里必备的东西。

7. 挑选适合的吸油面纸：在挑选适合自己的吸油面纸之前，首先要了解如今吸油面纸的种类。

8. 一般来说，吸油面纸分为以下几种：

①传统的金箔吸油面纸——薄薄的一层金黄色面纸是由密度较高的纸质和极细的金箔制成，拥有较强的吸油能力，还具有杀菌的作用，适用于大部分肤质。

②粉质的吸油面纸——上面含有细微的白色粉质，将去油与补妆两种作用合二为一，比较适合有化妆习惯的女性使用。

③采用麻纸质料做成的吸油面纸——虽然吸油效果很好，不过由于质地较为粗糙而容易在去油的同时伤害到肌肤。

④蓝膜吸油面纸——纸质非常柔和纤细，在吸油的同时，还能较好地保留肌肤所需的水分。

另外，有些吸油面纸还特别添加了天然的护肤成分，比如加入了天然绿茶的吸油面纸，凭借绿茶消炎镇静的功效，在去油的同时还能收缩毛孔、控制皮脂分泌，淡淡的绿茶芳香也令使用者感到心旷神怡。

因此，在挑选吸油面纸的时候，除了要仔细辨别它们的种类，还要注意它的材质是否轻柔，因为保护肌肤才是吸油面纸增加肌肤美丽的关键。

肌肤控油时间表

早上6：00	起床后在清洁脸部时，可考虑使用混合性皮肤的产品来平衡油脂分泌，这类产品在清洗后会觉得很清爽，而两颊也不会过于干燥。如果有面部磨砂膏或去角质类的洁肤品，大约每星期使用一次即可，过度使用，以免刺激到皮脂腺分泌出更多的油脂。
早上6：30	使用专业的控油产品进行控油。市面上有很多的产品，可以持久控制T区的油脂分泌，同时在T区形成亚光的效果。T控产品，应用在乳液之后，等到前面涂抹的乳液快干时再均匀涂上T控粉凝霜。有的产品可能因浮粉比较重而留下白色的印迹，因此一定要注意不能涂得太厚。如果出油的部位是整个脸部，你可以使用全日卸油光保湿啫喱，它的吸油微粒能够及时抑制脸部油脂，清盈配方能迅速被皮肤吸收，保证肌肤全天清爽无油。针对混合性皮肤类型的肌肤控油。
早上6：40	抵抗紫外线是这个季节控油的重点。以防油腻和堵塞毛孔，你可以选用清爽无油的防晒品，它们在具有防晒效果的同时，还可以赋予肌肤清爽感。当然，选择清爽防晒品时，应认清外包装上的Oilfree（不含油脂）标识。另外，有些控油产品可以在妆后使用，也可以直接擦上，来减少泛油的频率；如果是脸部全面出油，在上妆前可以使用含有VC、VB_2、VB_6等成分的爽肤水，它可以有效地减少油脂分泌，防止皮脂溢油。
早上7：00	清淡的早餐是长久保持肌肤清爽的秘诀。香甜的水果沙拉可以保证你的精力充沛，同时又不会过于油腻。当然，出门前别忘了喝一大杯凉开水。
上午10：30	坐在有空调的房间里，竟然还是觉得又闷又热。不知不觉已经过去很久了，拿吸油纸吸去T区的油光吧。然后拿出可以让肌肤滋润的清爽喷雾。不要以为夏天肌肤就不会干燥缺水，特别是长时间处在空调环境里，肌肤的水分是很容易被带走的。
中午12：00	午餐时间，也要清淡为主。不过为了保持下午的工作状态，适当地补充营养也是应该的。不妨在午餐里加些以前很少吃的西芹，既可促进肠胃蠕动，同时又能清血，经常食用有很好的效果。
下午2：00	工作开始了，先为自己冲上一杯绿茶吧，不仅仅是为了提神。专家说绿茶可以调节皮肤及身体的新陈代谢，使皮肤清爽且不易出油，一举多得。
晚上7：00	晚餐可以考虑凉拌苦瓜，虽然有点微苦，不过可以消暑降火，在夏季里食用对于改善油脂分泌过盛效果十分显著。晚餐也是要以清淡为主，切记只七分饱就好喽。
晚上8：30	累了一天，该是好好休息的时候了。但是千万不可就此睡去，重要的工作还没有做呢。经过一天的奔波，肌肤一定也累了，首先应让它放松一下。去洗个澡吧，当然，需要先用卸妆水卸妆，再用弱酸性的洁面乳洗去脸上的油污，然后使用收敛化妆水做第二次清洁。注意避免使用含有酒精成分的收敛水，以免刺激到皮肤。接下来敷一个面膜。这种专门为油性肌肤研制的油光调控面膜，其中含有收敛成分，对皮肤油腻特别有效，可以彻底溶解并清除毛孔深处的脏东西和油脂。
晚上9：00	专家们说，当人体压力过大、情绪紧张、身体疲惫及荷尔蒙失调时，肌肤就会出现失衡的状态，出现油脂分泌过多的现象。因此，要注意日常的作息习惯，不能过度熬夜。在看一会儿自己喜欢的小说后，就要准备睡觉了。以上程序，只要能坚持一个星期，你就会发现自己脸上的油真的会减少的，皮肤也会变得细腻有光洁。不过，凡事贵在坚持，只要夏天还没有过去，控油的工作就要坚持。

老化肤质

肤质特征

这种肤质有明显的皱纹，肤色暗沉，特别是脸颊和下巴处较粗糙。

了解了自己的肤质之后，就可以有目的性地改善肌肤的状况。干性的肤质要做好清洁工作，控制油脂分泌，混合性皮肤要分区处理，敏感性肌肤要注意不能吃容易引起皮肤过敏的食物，老化肤质要从清洁、护理方面双管齐下。同时注意睡眠时间，少熬夜，睡眠是最好的美容药。

正确认识肤质之后，也可以很有信心地挑选适合自己的化妆品和护肤品了。

RI CHANG HU LI
日常护理

1. 常用冷水洗面，增加皮肤的抵抗力。如皮肤不适应，可先用温水（20℃～30℃），再逐渐降低水温，使用天然材料制成的洗面奶或刺激性小的香皂。最好使用防敏洗面奶。

2. 使用天然植物制成的护肤品，如用蔬菜水果制成的护肤品或面膜。不宜使用含有药物或动物蛋白的营养护肤品及面膜，因皮肤对其易发生过敏。

3. 使用新的护肤品时，先在前臂内侧或耳后涂少许，观察48小时后，如果局部出现红肿、水疱、发痒等，说明皮肤对该护肤品过敏，绝对不能使用。反之局部无任何反应就可以使用。平时最好不宜多化妆和轻易更换化妆品。

4. 对寒风和紫外线过敏的皮肤，外出应保护好皮肤。如冬天戴好防寒帽及口罩，防止寒风侵袭。夏天应撑伞或戴遮阳帽，面部皮肤涂防晒霜，防止日光曝晒。

5. 晚上护理皮肤时，应用水果汁或蔬菜汁护肤。既起到营养皮肤的作用又防止皮肤过敏。

6. 定期到美容院做皮肤护理，对改善皮肤的条件，增加皮肤的抗敏性有较好的作用。

生活建议1点：

日常应选择生化系列、营养成分高的保养品。

敏感性肤质

肤质特征

敏感性皮肤是指容易受刺激而引起某种程度不适的皮肤。当外在环境出现变化，肌肤无法调适，而出现不舒服的感觉以及过敏现象。敏感性皮肤可分为干性皮肤、油性皮肤、混合性皮肤三种。敏感性皮肤对面部护理产品应当谨慎选用，选用前最好先做皮肤测试，以免造成不必要的过敏现象。自我检验小秘方：

1. 无菌状况下的皮肤发红、发痒、红肿，多见于先天性皮肤脆弱者。

2. 每逢季节变化则易产生湿疹，抗紫外线弱，对合成纤维织物、过浓香水、水质的变化等都会产生皮肤过敏。诱发皮肤过敏的原因大致在于食用海产类食物、使用或接触含金属的物质，呼吸含有植物花粉的空气以及对药物或昆虫的反应等。

3. 种种原因导致毛细血管无充血，引起血液循环障碍，从而导致皮肤过敏。

4. 某些化妆品的皮肤过敏，无论如何高级的化妆品、保养品，都不外乎是由着色剂、油脂香料、酒精等材料混合而成，各种珍珠霜、人参霜及各类药物香粉，也都是在着色剂、油脂香料、酒精的基础上添加各种药物成分而已。研究显示，彩妆品或保养品的基本组成和香味物质都有可能导致皮肤敏感的不适现象，皮肤科研究显示，彩妆品或保养品的基本组成和香味物质都有可能导致皮肤敏感的不适现象。据国内杂志报道，化妆品引起的皮肤敏感现象达70%以上。

RI CHANG HU LI
日常护理

过敏之马上急救法：

又痒又干又痛，都是敏感性皮肤常见的烦恼，一踏入空气干燥温度低的秋冬季，情况会更严重，若护肤品选用得不当，皮肤还会红肿、发炎，想皮肤少受点罪，以下有小编为大家推荐的马上急救法：

用冷开水或加上无任何添加剂的洁面乳清洁面部，在还没有完全抹干水分时涂上薄薄的凡士林，并身处阴凉环境下，能迅速镇静皮肤。

生活建议3点：

1. 选择微酸性洁面品：皮肤在冬季多因干燥缺水而异常敏感，因此在选择护理用品时，应选不含香料、酒精、重防腐剂的成分。洁面剂方面，不要选太浓太刺激的碱性产品，由于碱性太强，会伤害皮肤，因此应以温和而偏微酸性的洁面乳为佳。此外，洁面时亦不应使用洁面刷、海绵或丝瓜络，以免因摩擦而造成敏感。

2. 用不含酒精的爽肤水：爽肤水的作用是给面部清爽及光滑的感觉。一般的爽肤水大多含酒精，除了会令敏感性皮肤容易发红外，当酒精挥发后，还会令皮肤出现紧绷现象，所以应选性质温和且不含酒精、香料的爽肤水，涂时用食指、中指及无名指指腹轻弹，千万不要用力拍打，以免受刺激。

3. 缺乏维生素C，容易令皮肤粗糙枯干，从而引致皮肤炎、脱皮等敏感症状。在含丰富维生素C的蔬果中，梨与奇异果是首选，多吃可以加强皮肤组织，有助对抗外来敏感，MARIANNBOLLE纯臻白粉晶，维生素C诱导体，不会被氧化。

肤质特征

痤疮，俗称青春痘、暗疮，中医古代称之为面疮、酒刺，是一种发生于毛囊皮脂腺的慢性皮肤病。多见于头面部、颈部、前胸、后背等皮脂腺丰富的部位。临床以白头粉刺、黑头粉刺、炎性丘疹、脓疱、结节、囊肿等为主要表现。除儿童外，人群中有80%～90%的人患本病或曾经患过本病（包括轻症在内）。痤疮是发生在毛囊皮脂腺的慢性皮肤病，该病发生的因素多种多样，但最直接的因素就是毛孔堵塞。青春痘是青春期的孩子常见的皮肤性疾病，也比较容易发病，如果处理不好它就会留下痘印痘疤。

痤疮皮肤

也可分为 **7** 类：

1. 点状痤疮

点状痤疮，多表现为黑头粉刺。黑头粉刺是堵塞在毛囊皮脂腺口的乳酪状半固体，由于露在毛囊口的外端发黑而得名。如加压挤之，可见头部呈黑色，体部呈黄白色、半透明的脂栓排出。

2. 丘疹性痤疮

丘疹性痤疮皮损以炎性的小丘疹为主，小如小米，大如豌豆，较为坚硬，色泽呈淡红色至深红色，中央可有一个黑头粉刺或顶端尚未变黑的皮脂栓。

3. 脓疱性痤疮

脓疱性痤疮以脓疱表现为主，小如谷粒，大如绿豆。一般为毛囊性脓疱和丘疹顶端形成脓疱，破后脓液较黏稠，平复后可遗留较浅的瘢痕。

4. 结节性痤疮

当发炎部位较深时，脓疱性痤疮可以发展成壁厚的结节性痤疮。结节性痤疮的大小不等，有的位置较深，有的显著隆起而呈半球形或圆锥形，色泽呈淡红色或紫红色。这种痤疮可长期存在或渐渐吸收，有的化脓溃破形成显著的瘢痕。

5. 萎缩性痤疮

丘疹性损害或脓疱性损害可破坏腺体，引起凹坑状萎缩性瘢痕，即萎缩性痤疮。溃破的脓疱，或者自然吸收的丘疹性痤疮、脓疱性痤疮都可引起纤维性变及萎缩。

6. 囊肿性痤疮

囊肿性痤疮是大小不等的皮脂腺囊肿。常继发化脓感染，破溃后可流出带血的胶冻状脓液，而炎症往往不重，以后形成窦道及瘢前。

7. 聚合性痤疮

聚合性痤疮是皮肤损害中最严重的一种，皮损多形，由很多的粉刺、丘疹、脓疱、脓肿、囊肿，以及窦道、瘢痕、瘢痕疙瘩集簇发生。

RI CHANG HU LI
日常护理

饮食是防止痤疮的一个基本方法。

1. 忌食高脂类食物：高脂类食物能产生大量热能，使内热加重。因此，必须忌食如猪油、奶油、肥肉、猪脑、猪肝、猪肾、鸡蛋等。

2. 忌食腥发之物：腥发之物常可引起过敏而导致疾病加重，常使皮脂腺的慢性炎症扩大而难以祛除。因此，腥发之物必须忌食，特别是海产品，如海鳗、海虾、海蟹、带鱼等。肉类中的性热之品也是发物，如羊肉、狗肉等，可使机体内热壅积而加重病情。

3.忌高糖食物:人体食入高糖食品后,会使机体新陈代谢旺盛,皮脂腺分泌增多,从而使痤疮连续不断地出现。因此患者忌食高糖食物,如白糖、冰糖、红糖、葡萄糖、巧克力、冰淇淋等,忌食辛辣之品。这类食品性热,食后容易上火,痤疮者本属内热,服食这类食品无疑是火上加油。忌服补品。有些家长生怕发育期的孩子营养不够,于是拼命进补,实际上这是一种错误的想法。因为补药大多为热性之品,补后使人内热加重,更易诱发痤疮。

生活建议5点:

1.生活中要留意卸妆、洁面分别进行,要避免使用油性以及刺激性的化妆品。

2.还应留意避免过度清洁皮肤,应留意避免清洁过度,以免刺激细胞分泌更多油脂,从而出现恶性循环。

3.平时洗脸时还可以使用专用的海绵辅助洗脸,这样可以让油腻的皮肤变得清爽。

4.应该常用温水和含硫的香皂洗脸,逐日洗数次,以减少皮肤的油腻。皮肤的油腻减少,灰尘等脏东西落在皮肤上被粘着的机会亦会减少,这就能有效地防止皮脂腺口的堵塞和细菌的继发性感染。

5.另外不要用手挤压痤疮,也不要用油脂类化妆品,更不要随便外用油状膏,同时注意不要用肤氢松、肤乐乳膏、恩肤霜等类固醇激

素的外用药膏,否则会引起类固醇激互性痤疮,亦不要用溴、碘类药物,否则会引起疣状丘疹,起增殖性痤疮。

黑斑雀斑肤质

肤质特征 黑斑、雀斑一般在3~5岁出现,到青春期时会逐渐加重,随着年龄增长有减淡的趋势。女性居多。好发于面部,特别是鼻和两颊部,手背、颈与肩部亦可发生。色斑为针尖至米粒大,淡褐色到黑褐色斑点,数目不定,从稀疏的几个到密集成群的数百个,孤立不融合,无自觉症状。日晒可激发或使之加重,一般冬轻夏重。

BAO YANG ZHONG DIAN
保养重点

1.防晒非常重要:因为色斑最怕日晒。日光的暴晒或X线、紫外线的照射过多皆可促发色斑,并使其加剧。甚至室内照明用的荧光灯也因激发紫外线而加重色斑,所以可以认为色斑是一种物理性损伤性皮肤病。日晒可使黑色素活性增加致使表皮基底层黑素含量增多,色斑形成。夏季日晒充足,色斑活动频繁,斑点数目增多,色加深,损害变大;冬季日晒较少,斑点数目减少,色变淡,损害缩小。由此可知日晒是色斑发生的一必需因素,所以患者应尽量避免长时间日晒,尤其在夏季。

2. 防止各种电离辐射：包括各种玻壳显示屏、各种荧光灯、X光机、紫外线照射仪等等。这些不良刺激均可产生类似强日光照射的后果，甚至比日光照射的损伤还要大，其结果是导致色斑加重。

3. 慎用各种有创伤性的治疗！包括冷冻、激光、电离子、强酸强碱等腐蚀性物质，否则容易造成毁容。

4. 禁忌使用含有激素、铅、汞等有害物质的"速效祛斑霜"，因为副作用太多！可以造成上百种的副作用！导致严重毁容！

5. 戒掉不良习惯，如抽烟、喝酒、熬夜等。

6. 注意休息和保证充足的睡眠。睡眠不足易致黑眼圈，皮肤变灰黑。

7. 保持良好的情绪。精神焕发则皮肤好，情绪不好则会有相反的作用。

8. 避免刺激性的食物：刺激性食物易使皮肤老化。尤其咖啡、可乐、浓茶、香烟、酒等。吃得越多，老化会越快，引致黑色素分子浮在皮肤表面，使黑斑扩大及变黑。

生活建议5点：

避免在紫外线较强的时间段外出（早上10点到下午3点）；无论任何天气，均需坚持涂抹防晒霜（SPF30以上，PA++以上），必要时使用宽檐帽，遮阳伞进行遮挡。美白祛斑化妆品含有熊果苷、维生素C/E及其衍生物、一些植物黄酮类及多酚类提取物、烟酰胺等美白成分，外用可使雀斑淡化。目前最安全有效的方法是激光治疗，可以破坏黑色素颗粒而不伤及周围的正常组织。需要注意的一点是，任何治疗都不能防止复发，需要严格防晒。

2

再懒也要坚持
做的基础护理

护肤步骤连环扣，你的护肤顺序对了吗

护肤基本步骤：

护肤步骤

第一步：洁面　第二步：爽肤水　第三步：眼部护理
第四步：精华素　第五步：面霜　第六步：防晒

第一步：　洁面基本类型：洁面乳、洁面凝胶、洁面泡沫、洁面粉末

功效：去除过多死皮、污垢、清理毛孔。

用法：凝胶、泡沫或粉末：加水起泡后，在湿的面上轻轻按摩，然后用水冲洗干净。

洁面乳：在干或湿的面部上按摩，然后用水冲洗或用面纸涂抹干净。

注意：洁面乳适合干性或敏感性肌肤。凝胶、泡沫或粉末适合油性、混合性及中性肌肤。

第二步：　爽肤水

功效：收细毛孔、平衡肌肤酸碱度、为肌肤保湿。如倒在化妆棉上轻拭，可抹走多余的死皮。

用法：可倒在化妆棉上轻拭面部，或用手将爽肤水轻拍在面部。

注意：所有肌肤都需要这个步骤，敏感肌肤则最好避免使用化妆棉。

第三步：　眼部护理基本类型：眼部精华素、眼部凝胶、眼霜

功效：眼部肌肤是全身最薄的肌肤，因此需要特别小心护理，不要将面霜当眼霜涂，因为可能会引起肌肤过敏或起油脂粒。

用法：首先使用眼部精华，再加上眼部凝胶或眼霜，用第四只手指蘸一粒米大的分量，轻按在双眼周围。

注意：眼霜通常减淡皱纹、眼部凝胶通常减淡黑眼圈或改善浮肿，涂眼霜时不要用力擦眼睛，以免皱纹产生。

第四步：　精华素

功效：美白、抗衰老、保湿、控油……各种各样的精华素能满足不同的肌肤需要，浓缩的能有效地改善肌肤问题，清爽的凝胶或液体能加速肌肤吸收。

用法：整面涂均匀或只集中在需要的部位涂上，轻拍以助精华液吸收，除了眼部精华液，否则别把普通面部精华液涂在眼部。

第五步：　乳液或保湿霜

功效：保湿霜为肌肤保充水分的同时也保持着肌肤水凝娇嫩，此外它也提供一层保湿膜，防止水分流失，令肌肤看起来更年轻更柔滑。油性肌肤最好选用质地为清爽的乳液，干性肌肤则适合质地滋润的乳霜，有些保湿霜更加入防晒成分，保护肌肤免受紫外线的伤害。

用法：洁面爽肤及涂上精华素后使用。

第六步：防晒霜

功效：户外活动（如游泳、爬山等）可能会令您的皮肤过度暴晒，防晒除了可以减少黑色素形成，也可以减低患皮肤癌的机会，更可以阻隔加速肌肤老化的UVA产生。SPF指的是抵抗UVB的防护时间有多长，越高的SPF越能延迟晒红程度，亦代表防晒的时间越久，PA值则是日本化妆品联业工会所公布的UVA防止效果测定法标准，可分为PA+、PA++与PA+++三级，+号越多保护的指数就越高。UVA会加速皮肤老化，也有可能导致皮肤癌。

第七步：保湿霜

功效：晚上是肌肤修复受损细胞的黄金时间，跟日霜比较，晚霜通常都比较滋润，在湿度较低（如冷气环境）的地方提供保护，防止水分流失，令肌肤看起来更年轻更幼滑。

用法：洁面爽肤及涂上精华素后使用最佳。

XI YAN SHU
正确的洗颜术，为肌肤彻底"减负"

洗脸跟卸妆不是二选一，而是二样都要，卸妆是以卸去脸部彩妆为目的，因此卸妆并不能清除脸上的污垢，卸妆后仍会觉得脸上比较脏。而洗脸则是彻底清除残留在肌肤上的脏东西，使油分完全自皮肤表面脱离，这样清洁肌肤，才能使护肤品透到肌肤里层，从而达到美肤、护肤的目的。爱美女性一定要注意：清洁是美丽肌肤最重要的一个环节。现在我们教大家选择适用的洗面奶。

☑ 泡沫型起的作用

清洁品中含有保湿剂、安定剂、植物精华及50%的界面活性剂。它既可溶于油、又可溶于水，亲水基去除溶于水的污垢，疏水基将油分包起来使之脱离皮肤，因此要使洁面用品充分发泡后才能达到清除污垢的作用。清洁面部肌肤前，要将双手洗净，如果手上有污垢或沾有油类物品时，洁面用品则不容易发泡。将洗面用品在双手上充分发泡后再轻轻地抹于脸部，不要用力过猛，会伤害到角质层。如果有化妆习惯的女性那要注意，清洗彩妆的污垢需先用卸妆品将妆容清理干净，所以洗脸时不必用力，只要充分发泡，然后轻轻擦拭就可以洗出一张清澈动人的俏脸了。

☑ 清洁过后有短暂的紧绷感

不论你选用什么样的洗面用品，洗脸后，大都会有紧绷感，于是有些人分外紧张，竭力地在市面上寻找那种广告中所描述"不紧绷"的感觉。其实此时的紧绷感与皮肤干燥发皱的"紧绷感"完全不是一回事。洗脸后的紧绷感，是由于清洁剂洗去了皮脂和含在角质中保持水分的天然保湿剂而造成的，换句话说，洗脸后皮肤感到紧绷正是肌肤充分洗干净的证明。

正常的紧绷感一般出现在洗脸后的2～3分钟内，以肌肤略感紧绷为佳，过分紧绷或全无紧绷感，则需要重新选择清洁品了。洗脸后一般会尽快涂抹化妆水、美容液等护肤品，因此，这种暂短、略微的紧绷感并不可怕。

☑ 清洁品的种类及选用

市场上洗面产品的种类有很多，大致有：固体型、液体型、泡沫型、凝胶型、乳脂型以致露、摩丝、啫喱等各种类型。常常不知道哪一种最好，自己又适合于哪一种呢？现在我们告诉你，选择好的洗面奶要以两个最基本的条件为依据：1.要能够完全清除面部污垢的。

2.是在清洁后要出现一定程度的紧绷感。只要能满足这两项的清洁品，无论是什么类型的都可以选用。不过要注意的是，有的乳脂类的洗面剂，洗后有溜滑感，是因为它的清洗能力可能不太强；为使用方便设计成压取式的乳液型洗面剂，具有极强的脱脂力，洗面后面

部紧绷感比较严重，会导致皮肤过度失去皮脂会造成肌肤干燥，从而伤害肌肤表层。

正确的 皮肤清洗步骤

第一，清洗前的准备工作——洗手

每次清洗前，一定要将手清洗干净。通常都是把洗手液放在洗面奶旁边方便使用。因为每次都先用洗手液或肥皂（有时出差啊）洗手的，把它放在手心中轻揉（手心手背）30秒，再用流动的清水把手冲洗干净，然后再开始清洁面部。

但是，有的人可能不喜欢洗手液黏乎乎的感觉，也会控制不好每次按出的用量。那现在告诉大家一个小秘方哦，把洗手液压出一点在加水把洗手液稀释了，这样就好用多了，一次用力按一下，用量不多不少刚刚好。如果手上不起泡，或泡沫太脏，就需要冲掉再洗一次。有人会问至于为什么不用肥皂呢？答案是肥皂是碱性，娇嫩的手部皮肤不属于油质肤。

第二，清洗面部时按摩力度要小，重点部位要避开

将清洁用品揉出泡沫后（根据肤质可以选择适合自己的），从额头开始，从上到下，不管按哪里，都不要超过三十次，也不要用力太过（用力过大会长角质层）。额头是双手分别向外画圈，同时脸颊也画圈，但T字区要特别注意，鼻翼两侧（上上下下），从鼻翼到鼻尖；鼻根处至双眉间（上上下下），将嘴抿起来，（画圈）上上下下；眉与眼尾部（画圈）。T字区经较容易长痘痘，但是不能因为容易长痘痘就用力的揉搓。

第三，洗多少遍才会干净，是没有绝对值得的

面部如人饮水，冷暖自知，要相信自我感觉。咨询美容专家，不如问自己，是不是舒服？是不是觉得专家的方法有效？经过无数次试验，我们在这里告诉大家非常有效的几条习惯：

1. 平常，每天早晚两次，冬季一次，夏季三次

油性皮肤也不要洗脸过勤，否则你洗干净脸上的油，也榨干了脸部皮肤里含着的那部分可怜的水分（那可是怎么喝也补不上的珍贵水分啊）。冷得眉毛都要冻掉的严冬，最想做的事是吃完饭就上床睡觉，不想洗脸怎么办？只限于当天的户外时间较短，你完全可以不洗。冬季不单是植物生长缓慢，动物也一样，难道你的皮肤不是动物吗？所以，还是要洗的哦！

夏天了，最热的时候，什么都不做都会满脸汗，有些女孩甚至是满脸油，怎么办？中午再洗一次，但是记住：不要用任何洗面奶，只要温水就好，温水洗一下，冷水过一下，热热冷冷多重复几次。然后又清爽又干净，神清气爽地进入下午。

2. 外出时间较长，脸上感觉有灰，那就多洗一遍

油性皮肤都比较爱长痘，其实有些痘并不是青春痘。洗脸没洗干净就会长，吃多了刺激性的东西也会长。吃什么东西属个人意志力问题，洗脸呢？专家说，脸洗得过多会把脸洗干，但是你的脸没洗干净呢？我的经验就是如果连续在室外超过两小时，晚上回家就洗两遍，如果是冬天，就一遍泡沫型洗面奶，一遍乳液型洗面奶。夏天就两遍都用泡沫型洗面奶。

3. 春秋季节，早上应用较温和的乳液型洗面奶，晚上用清洁作用较强的泡沫型洗面奶

春天风大，秋天气燥，最应该担心的是补水、保湿，尤其是油性皮肤的女孩们，不要光想去油，要补水补水再补水，保湿保湿再保湿！先不说用什么样的护肤品，作为美容第一步，洗脸时就要注意啦，本来脸上的水分就少得可怜，再拼命清洁就不明智啦。我个人感觉是，睡了一觉后，脸上的水油分布是平衡的，而早上的清洁工作其实为了清理掉一夜新陈代谢产生的死皮细胞，而经过了一天的工作后，灰尘、污染、各种不洁的东西（比如用手摸脸啦）才是需要强力清洁的对象。

第四，清洁时用温水，洗后用冷水，冷热交替反复，为脸部做运动

大家都洗过碗碟吧，碗碟上的油只用冷水洗得干净吗？

长痘痘的基本原因是因为脏东西（比如灰尘或油脂或死去的细胞）没有能及时清理掉，堵住了毛孔，那么，请问如何把毛孔里的脏东西清理掉呢？当然要用温水使毛孔张开，用洁面乳或洁面奶适度按摩，让它们带走脏东西，然后，用清水冲洗，再用冷水收敛毛孔。人的皮肤不是碗碟，是活的生命体，所以坚持温水冷水温水冷水多反复几遍，最后的结果不用我说大家也可以想象到吧。

最后一遍一定用冷水，而且再冷也要用冷水。冷水的目的：第一，收敛毛孔，锻练毛孔的收缩性，保持良好的弹性，第二，为了清醒一下头脑，不管人是不是清醒了，感觉脸上神清气爽，干干净净的；第三，冷水就是与室温一致的水，也就是直接从水龙头里放出来的

水，尤其冬天，你用冷水洗过脸后，出门的适应性都会强一些，感觉到不那么冷啦。

第五，是温水不是热水

　　温水和热水最大的区别在于，温水是让脸部细胞接触后不紧张的温度，热水是让脸部细胞一下觉得好暖和啊的温度，本来我们是为了清洁脸部才使用温水，千万记住我们不是为了给脸部皮肤做桑拿。使用热水最直接的结果就是毛孔粗大。想想你用热水洗过的衣物吧，尤其是带弹性的衣物，如果为了怕冷使用很热很热的水，追求那一刻好暖和啊，不但出门备觉寒冷，脸部大概很快就会失去水分，失去弹性………不敢想象……

第六，尽量使用流动的水

　　可能有些女孩家里没有热水，只能用脸盆倒了热水瓶的开水，再兑冷水，使水温达到能够洗脸的温度，这当然是可以，但是要注意保持脸盆的干净，冲洗脸部洗面奶时，一定要用水把手洗干净了，再从脸盆里用手勺水往脸部冲。冲洗干净洗面奶后，就拧开水龙头（为了省能源，大家一定不要把水龙头开得太大，也没有必要），用双手当碗接水冲脸。

第七，用水，不用手，不用毛巾

　　除了洗面奶必须用手按在脸上，把你的脸想象成薄如蝉翼的珍贵瓷器吧，动作一定要轻柔！洗面奶按摩完成（当成按在炸弹上，轻柔轻柔再轻柔），不管用温水清洁用冷水锻炼，记住，用手勺水往脸上冲，不要用手在脸上按来按去怕没洗干净，你用的洗面奶足以承担清洁的作用，如果不胜任，换掉。如果怕不干净，多冲几遍。千万不要用毛巾打湿往脸上狂按！你的脸是珍贵

的！是不可再生的！受了伤受了刺激会直接使脸色给你看的！

第八，擦脸用干毛巾，全棉的干毛巾

　　我很久很久以前就已经抛弃了把毛巾打湿，用毛巾洗脸的习惯了，我都是只用手和清水，最后用柔软的、干燥的全棉毛巾轻轻按在脸上，让毛巾上的毛毛自己主动吸干脸上的水分。

　　这样可能你会问，脸上的水分没有充分吸干啊！那么，你问问自己要百分百的干做什么？如果皮肤可以吸收掉脸上残余的水分你应该鼓掌庆幸，要知道你喝多少CC的水才能补充到脸部呢？趁细胞们收缩毛孔之际，让它们顺便带走些水分是坏事吗？只要不是毒水（一般城市用水或山泉河溪都是有活性成分的），即使含一些不良物质怕什么呢？你的皮肤不是温室的花朵，你还要出门面对二手烟、车辆废气、紫外线……先打个预防针，让细胞们早点具有抗毒性不好吗？

第九，毛巾守则

　　1. 毛巾必须最少每周洗一次，打满肥皂，把它当成几年没洗过用力搓洗，然后用清水冲洗干净。

　　2. 有条件的话，最好洗完了再煮一煮。拿个专用的干净锅子就当煮排骨一样放在灶上煮。煮开几三五分钟就可以了。

　　3. 把毛巾晒干。太阳光的紫外线是杀菌的，这个不用多说了吧。

　　4. 使用时经常换面，根据使用方便，毛巾不重复使用应该有四个面（挂在毛巾架上数），所以，最长不要超过一周就换洗。

　　5. 擦脸、擦脚、个人卫生、洗澡、擦头发，如果有条件，所有毛巾按用途统统分开！

美肤保养

你属于哪种保养类型

1. 一天洗脸超过两次。A是——第2题　B否——第3题

2. 不仅眼周，连两颊都有少许脂肪粒。A是——第3题
B否第4题

3. 天天敷面膜。A是——第5题　B否——第4题

4. 深层清洁和去角质不需要每周都做。A认同——第6题
B不认同——第5题

5. 保湿很重要，再怎么补水也不过分。A认同——第7题
B不认同——第6题

6. 每天花在保养护肤上的时间超过3小时。A是——第7题
B否——第8题

7. 经常更换护肤品，任何美容新品都忍不住尝试。
A是——类型C　B否——第8题

8. 不需要天天使用防晒霜。
A认同——类型A　B不认同——类型B

答案
ANSWER

类型A：惰性保养派

你对护肤保养这件事的态度，有点过分淡定，这也许是因为你的肌肤状态良好，没有引起你的危机意识，我们虽也不赞成过分焦虑，但必要的充足的保养才能维持肌肤的好状态，避免各种肌肤问题的提早出现。

类型B：理性保养派

你对保养的态度既不过分激进，也不消极保守，请务必保持。

类型C：过度保养派

你抑或是一名护肤狂热分子，抑或是被某些肌肤问题搞得心慌焦躁，乱了阵脚，但"过犹不及"是永远的真理，也是你此时最需要的保养建议。

HU FU WU QU

解析护肤误区
告别护肤保养坏习惯

现代时尚的女性，日常生活中充满了诸如加班、熬夜、生活不规律等常见问题，这些都给肌肤带来很大的影响。根据女性自我反映"尽管平时肌肤护理做得很充分，但有时还是感觉肌肤不好"。孰不知她们平常存在很多护肤保养的误区，改变你的肌肤，先看看你是否存有以下的护肤误区。

1. 一周使用面膜三次以上

误区：保养过度

诊断：根据面膜的种类来看，基本上每星期使用1～2次已经是面部的极限了。尤其是在清除毛孔污垢的面膜，在剥下的时候对皮肤角质层会有伤害，而且还会造成皮肤脱屑。

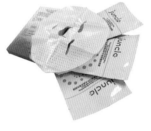

2. 一天使用洗面乳洗脸三次以上

误区：保养过度

诊断：用洗面奶洗脸，早上和晚上两次就够了。要是超过两次以上，会将保护皮肤的油脂和水分洗去，肌肤会变得干涩，另外也要注意过度按摩会给肌肤带来软性损伤。

3. 每天一定使用的保养品有四种以上

误区：保养过度

诊断：卸妆乳液、洗面乳、化妆水、两种乳液合计起来是五种，这些之外还有特殊保养品，这种做法是不正确的，只要保证基础保养就足够了。

4. 细小部位是要单独保养的

误区：保养不足

诊断：从镜子中好好地看看自己，眼睛下方是不是很干的，鼻头毛孔是不是有粉刺和污垢？将双手覆盖在两颊的时候，眼睛、鼻头这些手碰不到的部位，也应该注意保养。

5. 在夏天以外的季节，不做防晒也没关系

误区：使用错误

诊断：紫外线是造成肌肤老化最大的原因。即使是不遭暴晒的季节，也会夺走肌肤的水分，一点一点地破坏肌肤的组织。想拥有美丽的肌肤，防晒工作不可缺，四季都要防晒。

日晒给肌肤所带来的伤害不仅是黑斑、雀斑而已，还会有意想不到的肌肤损害产生，紫外线是造成自由基过量生成的最大因素！

6. 与家人合用护肤品

误区：使用错误

诊断：家族内大家的肤质的确会比较相似，不过随着年龄和生活习惯不同，肌肤的状态也会发生改变。尤其是妈妈所使用的化妆水、乳液营养性比较高，容易造成青春痘。

7. 敏感性肌肤使用的护肤品最安全

误区：使用错误

诊断：你的肌肤真的敏感吗？的确，敏感肌肤专用的保养品对肌肤较温和，但部分污垢的洗净度不够。选择适合自己肌肤洗净度及保湿度的产品比较重要。

8. 因为肌肤会粘粘的，所以洗脸之后只用化妆水

误区：保养不足，使用错误

诊断：肌肤的黏腻，是因为水分和皮脂的不均匀所引起的。不使用乳液，肌肤补充的水分很容易又蒸发掉了，这样皮脂不但不会减少，反而更会出油。

9. 不规律的生活作息，是令肌肤失去元气的主因

标准夜生活主义、睡眠不足以及饮食不正常的人，都会使身体变得虚弱，从而令脸部肌肤失去光泽。

WAN SHUI
晚睡也要有好皮肤

1. 晚睡，不晚洗

中医认为肌肤保养要顺应环境及身体的变化，因此中医建议大家不要等到睡觉前才清洁皮肤，对肌肤不好，我们尽量把洁面时间提前可以减少肌肤的负担，也可以预防粉刺痘痘。洁面不妨使用能同时卸妆和清洁的二合一洁肤乳，这样两分钟搞定清洁。一些含有果酸或水杨酸的洁面乳深层清洁效果显著。尤其是水杨酸，它是目前唯一能够真正深入毛囊进行清洁动作的复合体成分，可以增进角质细胞新陈代谢的速度，减少皮肤表面废物和毒素的堆积，让你即使多晚睡，也能远离疲倦的脸色。

2. 做好高度保湿护理

晚睡、熬夜和过度疲劳让肌肤锁水力很差，干燥。所以洁面后要尽快地涂上保湿效果好、易吸收的美容液。最好先用化妆棉沾满美容液，知道化妆棉呈透明状态，可以透视看到手指，然后从脸部中心开始涂抹，用使皮肤稍微下陷的力度轻轻按压肌肤。对已易干燥、易暗沉的眼部周围及嘴巴周围需进行细致涂抹；易干燥的脸

颊要充分涂抹，最后用整个手掌，轻压肌肤上残留的化妆水，使其充分渗入肌肤。

3. 替代性面膜迅速改善干燥

如果你担心每天敷面膜会导致面部过度保养，那么可以在洁面后用保湿美容液将纸面膜吸透，敷在面部。10分钟后在面膜中的水分会被肌肤吸干，接着再喷一层化妆水，延5分钟后揭下，肌肤就能变得水润柔嫩，而且即使每天做也不必担心皮肤负担过重。如果连纸面膜都没有，也可以把一张面巾纸敷在脸上，向纸上喷上保湿化妆水，直至面巾纸湿透1～3分钟。

4. 对付晚睡的排毒晚霜

即使你没能在最佳肝脏排毒时间23：00前入睡，也完全可以在23点前涂抹具有排毒修护功能的精华晚霜，涂抹时配合简单的30秒按摩，可以促进血液循环，提高细胞代谢活力并且排除肌肤毒垃圾，将熬夜的伤害大大降低。偶尔需要加强保养，可以涂厚一点当作晚安面膜，一物多用。

5. 零点前使用精华液

尽量在午夜到来之前完成精华液涂抹步骤，这能让精华液中的营养成分发挥极致。一些含有纳米渗透技术或多种植物华液的夜间修护精华液更容易渗入肌肤深层，加强细胞活力，并促进代谢循环。就像在肌肤里植入了看不见的细胞发动机一般，不用费时费力地按摩，营养成分也能被一个不落地全部吸收，为之后的轻霜打

下完美伏笔。

6. 涂晚霜的手法诀窍

一起来练习这种面霜涂抹法吧！简单又有效。涂面霜时，先以面部五点（额头、两颊、鼻头和下巴）分别均匀擦上乳霜，以掌心包裹住整个面部5秒钟，然后将残留在手掌的乳霜，顺势带到脖子肌肤，分别用左手拍右侧颈、右手拍左侧颈10下，能同时起到紧实颈部皮肤，预防皱纹松弛的作用。

7. 超有效的3分钟焕肤

面部肌肤光泽和健康度取决于面部经络气血是否畅通，而你只要在睡前花3分钟进行简单按摩就能起到增强面部经络活性、改善细纹松弛并预防座疮的作用。

1. 双手互搓，搓热后迅速将手掌盖在整张脸上。

2. 感觉热度减退后，双手捂住脸由上向下按摩10次。

3. 继续搓手，重复以上动作3～5次即可。

4. 用十指指腹，按照"从中心到外围""由上向下"的顺序在脸上"弹钢琴"，轻拍脸部皮肤，以眼周、鼻翼两侧、嘴角及下巴为重点。

8. 刮眉法解决N种眼周问题

如果你有黑眼圈、眼袋及眼肿等问题，要记住过这个方法。眉头、眉毛中间及眉尾处的穴位，包括攒竹、承泣、丝空竹空的具体位置，在睡前涂面霜或眼霜时，能很快消除眼部疲劳、消除黑眼圈，并且还能够预防第二天清晨出现在眼部的浮肿。

9. 睡前补充维生素C最有效

肌肤在得不到充足睡眠的情况下，营养会大量流失。如果你有每天口服美容产品的习惯，建议改在睡前服用维生素C及口服胶原蛋白等产品，这样做不仅比白天吸收的效果好，还可以利于皮肤在睡眠时得到充分的修复，并恢复弹性光泽。

10. 用精油唤醒肌肤光彩

睡前护理时，在一盆热水中加入几滴精油，头部低下用蒸汽蒸脸，待水温降低后，可以将脸浸入水中，三五分钟即可。这种的方法对皮肤干燥、暗沉等问题都会有很好的改善效果。

推荐给不同问题肌肤的精油：

皮肤干燥脱皮：玫瑰+檀香木+洋甘菊精油

缺水性出油肌肤：天竺葵+薰衣草+依兰精油

肤色晦暗：玫瑰+天竺葵精油

YU FANG
保持年轻肌
定制你的预防方案

"年龄快到了，但我不想看起来有年龄感。"美国心理治疗师道出所有女性的心声。所以，女人才会寻找各种方式让自己看上去肌龄比年龄小。女人20岁之前的肌肤取决于天生，但30岁以后靠后天努力。

20+预防·"假性"皱纹

25岁前，肌肤内的雌激素分泌和优质胶原蛋白的供给会逐渐达到高峰，一旦过了25岁，激素和胶原质不再能满足肌肤需求，干燥、缺水、斑点或细纹便出现在面部上，肌肤状况也像坐滑梯一样一路下行。就目前我们随着环境污染和人体自身体质的弱化，25岁的衰老门槛早已提前了许多，大多体现在以下状况：

特征：20岁左右，角质层的含水量稍减，皮肤虽然光滑平整，但此时如不注意补水，会导致含水量进一步减少，会出现"假性"皱纹。

重点防范部位：嘴角笑纹、脸部表情纹。

抗老关键词：保湿、防晒、抗氧化、假性皱纹。

明星成分：透明质酸、虾青素、氨基酸肽复合物、山毛榉芽精粹、橄榄叶和橄榄果。

保养
方案

1 润得快
才能老得慢

20岁开始肌肤胶原蛋白逐步地减少，但专家说到35岁之前还是够用的，前提是切实补足润泽成分。肌肤真皮层具有"蓄水库"的功能，0～90%的水分都存在这里，然后供给表皮与角质层。表皮层细胞间质和真皮层的弹力水合胶含量越充足，蓄水力越强，肌肤看起来就更水嫩。因此我们要借由富含细胞保湿因子及植物萃取成分的产品，加强肌肤造水、锁水功能，避免到熟龄时沦为"外干中老"的超级苦主。

2 再不抗氧化
就晚了

氧化对肌肤的伤害其实早在出生时就开始了，算时间我们的保养已经晚二十多年了，所以现在马上开始抗氧化护理吧！抗氧化产品选择含橄榄精华、维生素C、维生素E、绿茶等成分的，才能有效地对抗自由基的侵害，从而保证胶原蛋白、弹力纤维的健康。只要坚持使用下来，一定能让你感受到肌肤的变化。

3 全年无休的
防晒保护

防晒在抗衰老占领域的位置。其实抗老很大程度上就是在抵抗光老化，或弥补光老化造成的肌肤损伤。所以请一丝不苟做好防晒吧，这对于抗衰老很重要。即使冬日紫外线较弱，我们也要使用防晒指数在SPF15/PA++的防晒产品，从而达到抵御作用。

4 别怕，它们只是
假性皱纹

觉得自己还很年轻，但眼角却早有皱纹爬上来了？请不必太担心，如果它出现在外眼角以及眼睛下方，在干燥季或换季时才明显，那么它只是缺水性干纹，只要做足补水保湿常见的护理，就能彻底消灭它。如果皱纹比干纹深很多，而且做表情时更明显，那么就要多加注意了，这种皱纹因为皮肤生理性老化以及眼部肌肉的长期收缩，当然如果长期干燥缺水或缺乏保养会大大加速它的产生。我们对付此类皱纹，建议选择质地清爽，具有深层保湿并促进周边肌肤胶原蛋白自我更生的眼部精华和面霜，在配合适当的按摩，才能够阻止它们进一步地向深层发展。

5 别急着给肌肤
增加负担

为了做好抗老准备，早早地就开始涂抹顶级面霜，价格越贵肤质未必越来越好，这也是一大误区。只要给肌肤足够的养分，为肌肤减负，让肌肤学会自我调节，激发细胞的修复再生能力——像许多年轻的好莱坞女星也支持这样的观点，她们只用天然有机护肤品，减少每日保养程序，用简单的三步曲完成日常护理。假如你的皮肤状况良好，那么这样的"低卡"保养完全可以满足你肌肤的需要，不仅能为肌肤减负，避免过重的压力和预防依赖性，还能环保哦。

30＋左是美女右是大妈你的决定？

30+岁的女人通常会说自己"不年轻了！"其实，30岁绝对是一个决定年轻状态的关键年龄！在这个年纪，干纹、表情纹慢慢变化为永久的皱纹。如果不截断皱纹的生长，你和那些保养得宜或天生面嫩的同龄人，面部很有可能一下子差出5~10岁之差！抗老，进入最关键时段——做"美女"还是做"大妈"，看你自己的选择了。

特征：
30＋的人可能出现第一条小皱纹，可能在面部的外眼角形成的鱼尾细纹。这时要注意补水，并用保湿滋润类面膜和保湿乳液类护肤，防止第一条皱纹的产生。

重点防范部位：
眼部碎纹、额头细纹。

抗老关键词：
控制表情纹、排毒按摩、轮廓紧实。

明星成分：
琥珀、NAG葡萄藤嫩芽再生精华、蓝藻紧肤酵素、大豆萃取精华、水解酵母提取物。

保养方案

1.这是控制皱纹的关键时期

30岁这个年龄段，你会慢慢发现眼部周围、下巴、颈部和额头上开始有皱纹出现。这种皱纹与缺水干纹不同，即使是在不做表情时浅浅的痕迹也清晰可见。它们算是真正的"皱纹"了，但是因为生成的时间不长，虽超越了表皮层，但也并没有像"刀刻"般的深重痕迹。此时，一般的保湿产品已经无法起作用，所以，你需要考虑一套针对此类表情纹的专业抗老保养品，才能有效地控制住皱纹往更深的方向发展，并预防其他部位陆续地出现皱纹。

2.推荐给30+肌肤的抗老成分

含羞草树皮萃取：能促进肌肤细胞增生更多天然胶原蛋白，减缓老化速度，对抗已生成的皱纹、细纹。

乳清蛋白：一种天然的富有氨基酸的多肽成分，帮助肌肤的外观和触感可以紧实、富有弹性，淡化细纹皱纹的外观。

蜡菊精华：有效地促进胶原蛋白合成达600%，帮助重建纤维组织及增加真皮紧实度，令肌肤更加紧致，面部轮廓更清晰。

3.美颜先排毒才能更年轻

新陈代谢和体内淋巴微循环，都与肌肤的面部紧致度有着密不可分的联系，全身拥有800个以上的淋巴结，一旦淋巴管因紫外线、自身健康原因而受损不畅，体内毒素与不良体液就很难排出，导致暗沉老化等多种问题出现，护肤品中的营养也难以被吸收。因此建议在此阶段的千万别忘了经常为肌肤"排排毒"，以"手指引流"的淋巴按摩手法，配合具有促进循环代谢功效的面部紧肤按摩霜，才能帮助彻底净化肌肤，提高自愈能力并改善肤色肤质及面部，内外结合保持肌肤的年轻状态。

3.面霜+精油=超滋养面霜

在这个阶段，肌肤干燥和老化会特别明显，尤其是秋冬季节，有时无论涂多少面霜都不能"喂饱"皮肤。大家不妨试试将面霜和精油结合起来，你会发现原本不易吸收的面霜可以被皮肤立即吸收，而且滋润效果超级棒。妆前用会令妆容更服帖，皱纹也随之隐形。（特别推荐：以玫瑰、橙花或茉莉精油为主的复方精油，对于促进女性荷尔蒙生成、滋养肌肤及抗老化效果都很出色。）

局部皱纹的简单按摩法

在涂抹面霜时，建议在额头、嘴角等部位的皱纹进行有针对性的按摩。在额头部分以中心画螺旋形，然后像是在抚摸肌肉里面的骨头一样左右移动四个指头。每天这样习惯性地重复可以帮助缓解额头上的皱纹，嘴角的法令纹也可以用这样的方法。

4.家里的紧肤护理

在专业的护肤领域，微电流是最热门的技术之一。精致小巧的面部紧肤仪是采用微电流刺激胶原蛋白，唤醒皱纹及松弛肌肤皮下组织的细胞活力，并达到紧致面部。每次只需几分钟，就能达到美容院紧肤疗程的效果。坚持使用几周后你会惊奇地发现，肌肤明显紧实了，细纹也变浅了，像拥有了年轻的质感。

40+逆龄不是不可以

当女人到了40岁，抗老理所当然地成为保养重心。当肌肤的老化已经很明显的时候，就算再天生丽质，也难免有几道抹之不去的皱纹，一些总不褪色的斑点……使尽浑身解数，也无法和青春少女相比，所以更不必过于纠结。40岁女人要做的，就是让年华老去这件事情，变得更加性感、优雅、从容。

☑ 特征

40+的女人，内分泌和卵巢功能逐渐减退，容易出现皮肤干燥，光泽消退，眼尾鱼尾纹和下巴肌肉松弛，这时需用抗皱、保湿霜类产品、营养型的面膜和具有保湿、除皱功能的精华液。

重点防范部位：
眼部鱼尾纹、嘴角皱纹、额头横纹、颈部皱纹、法令纹。

成熟肌的抗老关键词：
深层修护、类医学保养品、医学美容术。

明星成分：
不饱和脂肪酸、灵芝仙人掌花精华、兰花活力精粹、鱼子精华。

B 保养方案

1.明星最爱的多肽抗老品

对于40+的肌肤，多肽成分绝对能够取代其他抗老成分，成功对抗皱纹、松弛等老化问题的最佳选择。但是，由于胜肽抗老成分种类繁多，功效也不同，所以你需要在使用产品之前了解这些多肽成分具体作用，根据自身肌肤需要度身选择。

①胜肽：抗糖化、抗氧化，活化细胞能量，排除多余水分，起到紧实肌肤的作用。

②胜肽：出色的生长因子，促进纤维母细胞胶原增生。

③胜肽：改善微循环，消除炎症，增强皮肤耐受力。

④胜肽：刺激胶原蛋白生长，增加皮肤厚度，消除皱纹。

⑤胜肽：传说中的类肉毒杆菌素，抑制神经传导，减少表情纹。

⑥胜肽：作用类似于⑤胜肽，对抗自由基，促进胶原蛋白的产生。

⑦胜肽：作用类似⑥胜肽，改善因肌肉收缩形成的纹路。

⑧胜肽：减少黑色素生成，具有美白效果。

⑨寡胜肽：功效类似⑤胜肽，促进胶原蛋白、弹力纤维和透明质酸增生，提高肌肤的含水量，增加皮肤厚度以及减少细纹。

2. 缓和老公速度

女人最在意保养品涂抹在肌肤上的瞬间触感,在这短暂的瞬间,以直觉判断产品是否适用自己,刚涂好保养品的皮肤是否容光焕发、神采奕奕。但真正考验抗老产品效果的,是使用一段时间的缓释效果。这种涂抹瞬间的速效快感和停留一段时间后仍然有效的缓释作用,要依靠美容成分的搭载管道完成,这才是最适合40+肌肤的抗老美容品。我们将保养品比作高速运行的动车,有效成分则是动车上的乘客,它们各自需要到达的皮肤站点不同,如果是一辆管理混乱的动车,很可能出现误点、过站或者半路翻车的问题;而奢华抗老保养品的分子传送技术,则能逐层释放有效成分,保证皮肤接受到需要的营养,即使是在做完保养的一段时间后,其中的抗老成分依然能持久发挥功效,让效果更加持久显著。

3. 重现少女肌

老化肌肤与年轻肌肤的最大不同,除了皱纹以外,主要的区别在于丰盈弹性与光泽感,而这种光泽的来源就是女性青春的密码——雌性荷尔蒙。随着年龄的增长,特别是到了更年期的时候,女性体内的雌激素分泌越来越少,脸色自然暗黄无光。因此,不少抗老产品特别针对老化肌肤推出"补充女性流失荷尔蒙"的熟龄乳霜,其中蕴含使用与雌激素作用相仿成分的大豆蛋白

精华、山药精华(山药中含有类雌性激素成分),帮助平衡肌肤所需的再生力,一扫干燥、粗糙与暗黄感,找回年轻时代的光、透、亮。

净白无瑕桃花美肌养出来

永远十八岁是每个女人的梦想,各个年龄层的女性都在寻觅不老仙丹。当你年轻时,母亲对衰老的感慨你是无法理解的。时间逐渐流逝,你开始明白她的话。衰老是每个女性的最大敌人,而且你无法抵御。你能做的,就是延长肌肤的黄金时期。

以下推荐一些家居自制面膜,特别适合40岁以后的女性使用。

小贴士:敷面膜或使用其他化妆品的黄金时间是上午10点到12点,下午4点到6点和晚上10点到11点。

葡萄汁和牛奶面膜

葡萄汁和鲜奶等量混合,加起来约占四分之一碗。把化妆棉在溶液中浸湿,然后敷在脸部,并把浴巾轻覆于面膜上,15~20分钟后再揭面膜,之后涂抹营养丰富的面霜。

蛋白质面膜

准备1个蛋清，1茶匙柠檬汁，1个磨成粉末的柠檬，2茶匙磨碎的燕麦粉。先把蛋清打出来，再加进柠檬汁、柠檬皮，最后是燕麦粉。把混合物敷在脸部15分钟，之后用温水轻压揭除，再用清水洗净脸部。

维生素面膜

切碎的芹菜根和切碎的苹果混合，添加一点燕麦粉增加丰盈感。面膜敷在脸部大约15分钟，再用芹菜叶和根部的汁液清洗脸部。

新生面膜

1茶匙温热的蔬菜油加进大量起泡的蛋黄中，慢慢搅拌，再加进二分之一茶匙水喝柠檬汁。把混合物敷在脸部皮肤，覆盖两三层，停留直接变干，再用温水沾湿取下面膜，用冷水冲洗脸部。每个星期使用1～2次，连续使用4到6个星期，之后可把周期延长到2～3个月。

茅屋芝士面膜

准备3茶匙磨碎的茅屋芝士、二分之一茶匙盐、1茶匙蜂蜜，混合均匀，涂敷于脸部。干了以后，以温和按摩的手势揭下。这种面膜有助促进脸部血液循环。

西葫芦面膜

1茶匙西葫芦汁跟磨碎的蛋黄混合，然后涂敷在脸部15分钟。用温水稍微湿润后揭去面膜，再用冷水冲洗脸部。

或者西葫芦切片后敷在脸部约20分钟，然后用牛奶清洗脸部。

抗皱面膜

1茶匙黑麦粉和浓茶或牛奶混合成糊状，再加进1个蛋黄。将混合物敷在脸部，15分钟后用水洗去。

营养面膜

准备半个磨碎的胡萝卜、半个磨碎的苹果和1茶匙茅屋芝士，将所有原料搅拌混合均匀，把混合物涂敷在脸部，15分钟后清洗掉。

红酒面膜

材料：红酒20毫升，蜂蜜2小，珍珠粉2大勺。
制法：把红酒、蜂蜜、珍珠粉混合，均匀搅拌即可。
用法：把做好的面膜均匀涂于脸上，约15分钟后用温水洗净。

保湿达人教你干燥急救术

干燥是护肤的大敌，如果不能及时给肌肤注入水分，那么除了干燥之外，还将面临暗沉、细纹、紧绷等一系列肌肤问题。如果想要击退干燥，就要掌握正确的护肤方法，使寻常的护肤品功效加倍，使保湿效果达到极致。

1 用掌心温热
护肤品

无论是涂抹何种保养品我们都不建议直接涂抹在面部，这样不但不能发挥保养品的效果，反而会让肌肤受到或多或少的刺激和损伤。涂抹保湿品也是一样的，如果直接涂抹在面部，保湿成分会在我们的面部肌肤充分吸收到营养之前就挥发掉，并且还会把面部本来的水分也带走。所以，挤出适量的保湿产品后，先在掌心慢慢的来回搓热，大约30秒后涂在脸上，这样不但能使保湿成分均匀地作用于脸部肌肤，预热过后的护肤品还会让皮肤吸收得更好。

2 利用睡眠强效修复
受损的肌肤

夜晚是修护肌肤的最佳时间。回到家先彻底地泡上一个舒服解压的热水澡，然后趁肌肤表面湿润，毛孔打开的时候，马上给肌肤补充营养，让精华液渗入深层肌肤。睡前喝上一杯舒缓美容的牛奶，有助提高睡眠质量，帮助促进皮肤细胞的修复活动，达到滋润肌肤，抚平细纹、美白淡斑等效果。

3 清晨的肌肤护理工作
为一整天肌肤打下基础

肌肤经过一整夜的修复，已经恢复到初步的滋润状态，所以我们在清晨的第一步护理工作就是要保持肌肤的水润。在每天早晨的护肤过程中，必须至少要使用三种保湿类的产品，以达到补充水分，锁住水分的作用。保湿爽肤水、保湿眼霜、保湿乳液等一个都不能少。

4 在饮食上注意清淡
多食用水果与花茶

办公室的下午茶总是一些高热量的点心奶茶等，为了有效地滋润肌肤，我们可以把原来的下午茶改为水果茶，苹果、香蕉等低热量的美容水果都含有丰富的水分和美白成分，给肌肤提供水分的同时还能有效美白肌肤。

每天喝一定量的水是保湿的基本步骤，在办公室这个异常干燥的环境，我们可以选择各种花茶来代替单调的清水，玫瑰花、菊花等花茶都具有美容润肤的功效。

真假皱纹区分

皱纹通常分真假两种，在25～35岁之前，眼部、嘴角周围产生的又细又软的皱纹就属于假性皱纹；而在35岁以后产生的额头纹和鱼尾纹就属于真性皱纹。假性皱纹具有不稳定性，通常在做面部表情时出现，而当面部肌肉放松时，皱纹又会消失；面部缺乏正确和及时的护理时产生的皱纹，也归为假性皱纹之列。

☑ 假性皱纹来源

1.光老化，导致肌肤缺水。紫外线会使皮肤缺水，形成小断裂，反映在脸上就是一条一条细小的皱纹，这种皱纹，也被称为"干纹"，是20岁左右的女孩首要的肌肤问题。

2.习惯性表情。任何表情做得多了都可能形成表情纹。

☑ 表情纹形成原因

眉心皱纹——面对较大压力或思考时皱眉

内外眼角横向细纹——习惯眯起眼睛看东西

眼尾皱纹——经常开怀大笑

额头横向皱纹——经常抬眉或瞪大眼睛

法令纹——经常忧伤或撇嘴

唇部细纹——经常吸烟

☑ 熬夜是衰老的元凶

千万不要熬夜，熬夜是皮肤的天敌，能让肌肤以不可想象的速度加快老化，因此连续熬夜的时间不可以超过两天。而美容专家也证实，要使老化的肌肤恢复成二十几岁的年轻肌肤，主要着眼于睡眠带来的肌肤再生能力及防御能力。

☑ 防晒要做好

冬日的阳光也是有杀伤力的，长波紫外线会在不知不觉中损害皮肤，加速皮肤衰老、皱纹、色斑、粗糙等恶果都会找上门来，所以冬季外出也要注意防晒。

☑ 保湿从喝水开始

女人要多喝水，因为干燥引起的浅细纹当然要通过补水来消灭，每天喝足八杯水，皮肤水当当的同时也能保持窈窕身材。空调房或者暖气房里一定要在靠近自己的地方放上一杯水，增加空气湿度，时刻保持皮肤的润泽，让干纹渐渐消除。

☑ 保养从局部做起

使用局部保养品促进循环，因为皮肤比较容易干燥的眼角周围是比较容易出现小皱纹的部位。在真正的深层皱纹形成之前，要使用专用的保养品防止其发生，那些产品高保湿滋润能力可以滋润角质层、有效预防皱纹产生和皮肤干燥。还有，由于血液循环不良带来的"内因"和旧角质层等原因的"外因"两方面作用会令肌肤失去光泽并产生皱纹，你要使用能够加强并促进肌肤代谢的护肤品，才能使无光泽的肌肤泛出光艳的玫瑰颜色。

3

肌肤冻"龄"
——资深达人的护肤锦囊

熬夜时候如何保养

Q: 大家都说晚上熬夜会让皮肤变差。可是由于工作的关系，我经常熬夜。我的肌肤目前看上去还没有发现重要的问题，但是有点担心，每天这么持续，会不会出现肌肤改变？

A: 熬夜是对皮肤造成不好的主要原因，因为肌肤在晚上10点至凌晨2点是修复力最强、效率最高的黄金时期。所以每天这段时间里应该保持良好的睡眠，让血液充分到达皮肤层，给皮肤带来足够的营养，并加速皮肤的新陈代谢，从而延缓皮肤衰老。现在的你可能还在吃老本，但千万不要滥用肌肤的修复力。如果确实没办法每天准时入睡，最起码得保证黄金时间里皮肤已完全卸妆，尽可能减少皮肤的负担。如果可以的话，边敷面膜边工作，也能缓解肌肤的熬夜压力。

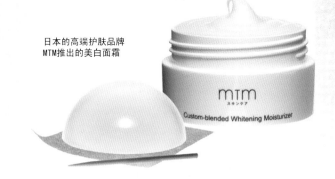
日本的高端护肤品牌
MTM推出的美白面霜

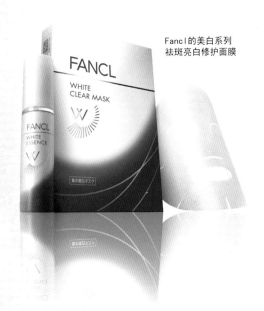
Fancl的美白系列
祛斑亮白修护面膜

"熬夜皮肤"怎么护理

Q: 因为日常生活习惯养成一直熬夜不休息，长时间下去皮肤出现了一些小问题，可以教我"熬夜皮肤"要怎么护理吗？

A: 熬夜皮肤最基本的护理：要尽量让皮肤彻底清洁，减少负担，然后好好保湿让皮肤远离干燥。条件允许贴面膜是一种方法，但是面膜只能缓解短暂的15分钟，而且面膜是补水不保湿的。所以在做完面膜之后要用大量的乳液给皮肤足够的滋润，略带些油分的乳液或面霜比较好。同时可以在涂抹的过程中进行短时间的按摩，增加皮肤对营养的吸收。熬夜时如果觉得皮肤干了可随时补上一些乳液，保持皮肤滋润，减少熬夜对皮肤的不良影响。

一分钟
美容小贴士

提升约会好感度的速效护肤小秘诀

● 约会前，用15分钟做一次加强式保湿面膜。先以膏状补水面膜敷面10分钟；清洗后，再用浸透化妆水的化妆棉敷5分钟。前者补油，后者补水，水润润的肌肤会大大提升好感度哦！
● 用5分钟做个嘴部唇膜。用护唇膏加上绵白糖敷于唇部，用指腹轻轻打圈按摩1分钟左右，双唇更显柔润性感。

● 果酸护理很流行, 但是要注意

Q: 听说果酸护理很流行, 最近想去美容院尝试一下。请问做这个护理要注意哪些问题?

A: 果酸护理的确是一个解决很多皮肤问题的护肤捷径, 分享一下做果酸护理之后的护肤心得吧: 每天晚上做一次补水面膜; 护肤以保湿为主, 停止使用美白产品, 以免加重皮肤负担; 每天出门前一定要使用SPF30以上的防晒霜。此外, 果酸护理期间不宜饮酒和吃刺激性的食物。

● 在美容院做完脸, 脸上发红了

Q: 每次我在美容院做完脸, 脸部都会有发红的现象。可在护理过程中, 我并没有做太多的去角质, 只是一些普通的美容手法而已。为什么会这样?

A: 这很可能和按摩手法有关。你的皮肤应该属于敏感皮肤, 以我的个人经验, 过于花哨的按摩手法未必对敏感肌肤有益。你可以建议美容师减少两颊处按摩的动作, 以免造成过多刺激, 而是侧重于脸部轮廓线的提拉。在选择产品上, 应避开去角质和美白产品, 着重补水和抗过敏就可以了。

● 连续一周贴面膜, 感觉真的不一样了

Q: 最近皮肤比较干, 连续一周贴面膜后, 感觉真的不一样了! 我用的是那种"压缩面膜纸", 把爽肤水倒在上面, 敷5分钟后拿下来。这种面膜纸和专柜里的贴片面膜有什么不同? 一直用压缩面膜纸来代替贴片面膜, 可以吗?

A: 压缩面膜纸更适合用来敷水类的产品。它的吸水性非常好。吸满水后可以敷至少10分钟。如果中间面膜纸变干, 用喷雾再喷一些就行。贴片面膜中除了水剂外还有一些精华液, 保湿和滋润效果会比纸膜更好。如果一周密集使用面膜的话, 可选择一周使用4次纸膜加3次贴片面膜。但是, 这种密集护理不宜长期使用。一般来说, 每周使用3次保湿面膜就够了, 这样皮肤才能有更好的自我调节和修复能力。

● 按摩霜该怎么用

Q: 最近听说面部按摩霜很好用, 之前我也尝试过, 但用了之后并没觉得皮肤有什么改善, 反而还发了很多粉刺。想问问这是为什么呢?

A: 按摩霜对皮肤的功效是帮助皮肤新陈代谢, 有助去除皮肤上的死皮, 使用正确的话, 可以很大程度上改善皮肤哦。

涂上按摩霜后轻轻按摩脸部, 有助于缓解疲劳, 帮助皮肤增加弹性, 还能使肌肤红润而有光泽。但按摩的频率不宜过勤, 一周一次为佳, 过度的按摩和刺激会使肌肤变得敏感, 可能会导致粉刺、牛皮癣和湿疹。

最后要提醒的是, 用按摩霜按摩完脸部后, 要分两个步骤清洁。先用纸巾轻轻按压皮肤, 吸收掉皮肤表层的油分, 然后再用泡沫洁面把残留的按摩霜清洗完毕。

Tip 　　**按摩霜**

按摩霜是皮肤按摩时的润滑剂, 除此之外, 它还有滋润、营养、去角质等作用。按摩皮肤, 能够促进皮肤新陈代谢和血液循环, 皮肤呼吸顺畅, 使皮肤健康红润。

◐ 身体护理油，该怎么用

Q: 收到朋友送的一款身体护理油，可我习惯用清爽的身体乳。这类油腻腻的护理油，有什么别的方法可以"废物利用"吗？

A: 其实，冬天用身体护理油是很棒的，特别是对于干性皮肤；但是随着天气转热，油性产品的确会有点油腻腻的感觉。不妨用它来泡澡吧：在浴缸中滴入数滴，有助滋润全身皮肤，沐浴后不用涂身体乳也有非常好的润肤效果。如果是淋浴的话，也可在浴前用护理油按摩一会儿身体易干燥的部位，同样有很好的滋润效果又免于油腻感。

◐ 除了按摩霜，还有哪些护肤品可以给皮肤做按摩

Q: 最近我开始学着每周做一次按摩了。请问除了用按摩霜之外，还可以用其他的护肤产品来给皮肤做按摩吗？

A: 我一开始做按摩的时候其实也偷懒没有买按摩霜，只利用手边适合按摩的护肤品学习按摩。个人试用下来建议选用的类别有美容油（非清洁油，不是卸妆用的）、膏状面膜以及凝胶。按摩霜有点类似综合了凝胶质地和霜状质地的二合一产品，在皮肤上增加润滑度，避免手指和皮肤摩擦拉出皱纹，另外质地比较清爽，不会因为滋润过度而长面疱。一些清爽质地的精油类基底油也可以用来按摩，比如葡萄籽油，要搭配抗老化还可以使用玫瑰果油，可以多试一些产品，然后找到最适合自己皮肤的长期坚持用下去。

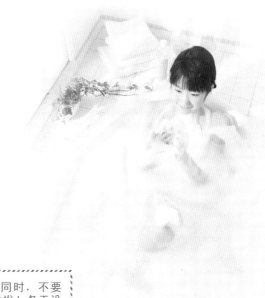

一分钟
美容小贴士

● 护理皮肤的同时，不要忘记照顾你的秀发！冬天没用完的滋润油涂抹在发尾，可增加秀发的光泽感和滋润度。

泡澡的同时有没有一些保养能同步进行

Q: 想问问泡澡的同时有没有一些保养能同步进行呢？

A: 我很喜欢在泡澡时边上放一大堆护肤品呢，皮肤温度升高会令毛孔打开，这真是非常好的保养时间。

这里分享一些比较容易操作的保养吧。首先要做的是去角质，在被热水软化的时候去除角质能减少对皮肤的刺激与伤害，所以泡澡的时候，你可以在膝盖、手肘和一些容易堆积角质的地方用身体磨砂产品慢慢打圈按摩。其次，在洗发后涂抹厚厚的发膜，利用浴室的蒸汽让发膜全部被吸收。建议涂完后戴上一顶浴帽，这样不会影响到泡澡的步骤。接下来当然就是面膜了，无论是片状或者膏状的面膜都可以，建议不要用美白面膜哦，有些美白成分会因为高温而破坏流失，普通的保湿面膜就足够了。最后要提醒的是，泡澡时旁边一定要备着一杯温水，泡澡前可以先喝半杯，泡完再喝半杯，泡澡令体内的水分流失非常快，一定要及时补充！

长期服用维生素对身体是不是真的有帮助

Q: 最近开始想着补充一些维生素，从内部调理一下身体，想问问长期服用维生素对身体是不是真的有帮助？怎么样补充效果好？

A: 如果身体并没特别缺少什么维生素的话，不必每天都补充维生素。每周可以安排三到四天服用维生素，让身体自然调节，也能保持好本身的抵抗力。过量服用维生素的话，反而会让身体对维生素的需求量增大，一旦停止服用或者减少服用量，健康更容易出问题。而当身体需要补充维生素的时候，适量地补充一些，吸收反而会特别好。比如，遇到口腔溃疡的时候可以补充维生素B族群，有助帮助恢复哦。

一分钟美容小贴士

● 夏天使用身体乳时，尽量不要用浓郁的果香型产品，因为出汗后，果香味闻起来会有些酸酸的，很不好闻呢。淡淡的海洋型或花香型更适合夏季使用。

消灭小干纹，眼霜怎么涂

Q: 我的眼周有干纹，最近买入了一款多效修复眼霜。可是用了快一个月干纹也不见少，好像还有增多的趋势，好郁闷！

A: 要去除眼部小干纹，首先要选一款滋润型眼霜。其次，使用手法也很重要：取米粒大小，用无名指指腹在眼周以点压的方式涂抹均匀。然后，将手心搓热，轻轻覆盖在眼睛上，停留5秒，帮助肌肤吸收眼霜中的营养成分。每天早晚，各做一次。相比其他部位的皮肤，眼周皮肤的改善较缓慢。只要选对产品用对手法，坚持2～3个月，你会看到效果的！

服用燕窝和人参需要注意什么啊

Q: 最近朋友送了我一些燕窝和人参，之前没有吃过，想问问燕窝一般在什么时候吃最好？服用人参又需要注意什么？

A: 燕窝适合所有年龄的人吃，不仅可以养颜美容还可以增加体力。一般来说，燕窝在早上空腹的时候吃最易吸收，还可以加一些红枣一起服用。另一个我个人很推崇的方法是在早晚餐前各服用一勺，这同样是一天中的最佳吸收时间，如果奢侈一下的话，就一天吃两顿吧。

人参可以补气虚，也能改善肠胃和血循环，但人参有令精神亢奋的作用，所以不可以晚上服用。

一分钟美容小贴士

●给冬天干燥的眼部加一款眼部精华吧，质地一定要轻薄水润！

眼周肌肤,干纹严重,怎么办

Q: 我的眼周皱纹比较严重,而且由于工作关系每天还必须化妆,虽然在眼周我一般只上淡妆不用很重的眼影,但每天到下午的时候总是觉得眼周很干,皱纹也比早上更明显。请问有办法在中午的时候给眼周做一些滋润吗?

A: 早上护肤的时候尽量给眼周多一些水分和滋养,让皮肤得到足够的保湿是对抗皱纹的最有效方法。中午抽空先给整脸喷上保湿喷雾加强补水,然后用化妆棉或者棉签清洁眼周,特别注意有皱纹的部位哦。喷雾要用纸巾吸干,接着在眼周用按压的手法补上补水的眼霜,按压法可以让皮肤尽可能多吸收一些乳液,预防干燥。等到眼周的眼霜彻底吸收,摸起来完全没有黏腻的时候补上粉饼或者散粉,如果妆容不是很浓,个人比较倾向用散粉就可以了,粉饼会比散粉要更显干,容易又显出皱纹。还有,平时要多做一些眼膜,用足够滋润的眼霜,与皱纹进行长期抗战。

眼部保养,有一招吃遍天的好办法吗

Q: 黑眼圈、眼袋和眼部皱纹,貌似这些可恶的眼部问题我都有。有些眼部保养品似乎都只针对一种眼部问题,有些则号称一招吃遍天。关于眼部保养品,到底该怎么选?

A: 关于眼部保养,个人认为目前还没有什么"一招吃遍天"的好法子。最切实有效的办法是:根据不同的眼部问题,选择不同诉求的眼霜。如果你有黑眼圈,建议挑选具有促进眼周新陈代谢功能的眼霜;眼袋问题,则可用有消除浮肿和排水功效的眼霜;如果你有眼角细纹,那么就用足够保湿力和补水力的产品来应对。如果很不幸地,各种眼部问题你都有,请按轻重缓急的顺序来选用眼霜产品,逐一解决总好过盲目寻求不太可能存在的万能膏药。最后补充一句,充足的睡眠是解决眼部问题的最好方法。

54

救命,突然冒出了脂肪粒

Q:脸上长了好几颗脂肪粒,怎么才能清除啊?去看过医生,说是由于用餐巾纸擦脸,造成毛孔堵塞。可是,我都没用餐巾纸擦过脸呢。

A:脂肪粒的形成,有多种原因:皮肤有了微小创伤,在自我修复过程中结成了白色颗粒;清洁不彻底,皮肤上的彩妆残留造成毛孔堵塞。最常见的是使用含油脂过多的护肤品,吸收不完全导致脂肪粒。安全的清除方式是寻求专业医生的帮助,不要自己拿针挑,以免造成感染哦。

在此特别提醒:脸上的小颗粒,可能是脂肪粒,也有可能是血管瘤。所以,一定要去正规医院检查,确定原因后再寻找相应的解决方法!

熊猫眼的我该怎么办

Q:最近熬夜和加班非常多,十足的夜猫子,导致眼周的皮肤出现了不少问题,黑眼圈和细纹一拥而上,想问问有什么办法可以缓解这些眼部问题吗?

A:生活作息不规律,循环变差,眼下的黑色素容易沉淀,而熬夜会使皮肤变干,细纹暴增。所以,就算要熬夜,也一定要先把皮肤清洁一遍,涂上护肤品,眼霜要涂满整个眼窝,包括上下眼皮和眼头眼尾全都要涂到,然后顺着眼周淋巴循环的方向按摩,促进眼周老废物质的代谢,减少眼周的浮肿和色素沉淀。具体按摩眼部的方法:从眼尾至下眼皮然后到眼头,再从眼头到上眼皮回到眼尾,同样的顺序重复三遍,最后按压耳后的穴位,促进淋巴代谢。

下次熬夜的时候你可以试试,坚持按摩的话,眼周皮肤会得到很好的改善哦。

● 到底该用怎样的手法抹眼霜才对啊

Q: 看各家化妆品广告都教了不同的眼霜涂抹方法，想问一下不同的眼霜的涂抹方法真的有那么多区别吗？可以教我一下眼霜究竟应该如何涂抹吗？

A: 眼部的各种按摩手法，总结来说主要是从淋巴排毒和按压眼部穴位两个方面来帮助眼部放松、改善眼部循环。

我们先把眼霜分成去黑眼圈和去细纹两种类型来看吧，去黑眼圈的眼霜用无名指按压会更能按摩刺激到眼周各处的穴位，可以用少量多次的方法涂抹，按压完第一次吸收良好的话，再补一层也无妨。而去细纹的眼霜则建议用中指和无名指从内眼角向外，一直轻柔涂抹到太阳穴处。眼霜涂抹的面积不仅限于上下眼皮，眼周的皮肤也要带到才够完整。

最后记得白天最好涂抹带防晒功能的眼霜，眼睛四周最容易晒出斑点，不能因为冬天而忽略了眼部防晒哦。

契尔氏特效保湿眼部防晒棒SPF30

一分钟美容小贴士
● 擦完眼霜后，不妨顺带把多余的眼霜涂在嘴唇上。眼唇保养一起做，还不会浪费哦。

● 跪求"全能"眼霜一支

Q: 我25岁，皮肤偏干，最近发现眼角出现了细小的皱纹，黑眼圈也似乎比以前明显了。跪求"全能"眼霜一支，既能充分补水，减少皱纹，还可兼顾抗衰老！

A: 如此照顾周全的眼霜，我不敢说肯定能找到哦。很多皮肤问题本来就有不可逆转的因素，眼部又是最难照顾的部位。与其寻找那些所谓的"全能"产品，不如把问题分开来逐一解决，各个击破！

缓解眼部疲劳，按摩小方法

有什么简易的自我按摩方法可以缓解眼部疲劳吗

Q: 每天长时间对着电脑，一天下来眼睛非常疲劳非常酸，有什么简易的自我按摩方法可以帮助改善这些问题吗？

A: 长时间对着电脑，眼睛会感觉疲劳，没有神采。每天临睡前按压眼周的穴位，可以帮助双眼更有神、更明亮。具体手法如下：

首先，用双手的中指指腹轻轻按压下眼睑中部的四白穴，并从内向外移动按压到距眼尾一厘米处。

其次，用中指指腹从耳后的完骨穴沿着脖筋向下按摩，一直按压到锁骨和颈的交界处。

最后，用两只手的四根手指指腹分别从下巴，鼻翼和脑门中心开始向太阳穴方向按压。

睡前做好这三个步骤，然后美美睡上一觉，早晨起来眼睛的疲劳统统扫清，又可以开始新一天的美好了。

第一节 揉天音穴

第二节 挤按睛明穴

第三节 揉四白穴

第四节
按太阳穴轮刮眼眶

日本参天SANTEN-FX眼
药水去红血丝

如何拥有像明星那样清澈明亮的眼神

A: 除了依赖化妆术，最根本的解决之道是充足的睡眠！晚上在11点之前入睡，帮助身体淋巴系统排毒；睡前泡脚，喝一杯加蜂蜜的牛奶，也能帮助提升睡眠质量，睡一个美容觉！

BEDOOK拔毒膏中药祛痘

一分钟 美容小贴士

● 夏天不要再用略显油腻的膏状面膜涂抹全脸啦，只在特别干燥的两颊加强使用，或者在法令纹处着重涂抹，就能滋润得刚刚好噢。

越控油，皮肤越油

Q: 夏天到了，总担心脸上的油光和气温成正比。每天早晨我都会用一些控油精华，但到了下午仍觉得皮肤有点干，而且出油的状况没有改善多少！

A: 很多女孩害怕皮肤出油而努力使用控油产品，忽略了油光可鉴的真正缘由是皮肤缺少足够的滋润，从而分泌出油脂来调节自生的内外平衡。从根本上改善油光，关键是要给皮肤好好补水。建议先狠狠地给皮肤来一层补水精华，然后在T区使用控油精华（不要全脸都用哦）。如果下午皮肤有出油现象，可用吸油纸吸走表层的油光，再补上一层薄薄的补水精华。

关于痘痘的大难题

Q: 在我的太阳穴处有一颗痘痘，一直压在皮肤下发不出来，但是很涨也很疼，我该怎么办呢？

A: 脸上有些位置的痘痘要更加小心处理，比如人中的三角区位置和太阳穴位置。在这里教你一个办法，能让痘痘爆发出来，虽然暂时无法彻底解决痘痘，但是一旦痘痘成熟以后反而会比目前压着发不出来要好处理。
找一个按摩霜产品，每天在痘痘上轻轻按摩。手势一定要轻，因为发不出来时候皮肤表层会感觉很涨，太用力了会有压疼感。按摩的方法有助于刺激皮肤，帮助皮肤新陈代谢，这样也就能令痘痘加速成长。一般情况下，按摩后一周之内痘痘就会成熟了。之后要注意消炎，如果是自己用挑痘针挑破的话，一定要清洁干净，预防皮肤感染。

一分钟 美容小贴士

● 在这里，分享一个牛尔老师传授的去痘小方法：阿司匹林一颗，磨碎，加少许水调和成泥状，敷在痘痘上，可帮助痘痘消炎哦。

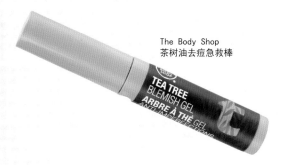

The Body Shop
茶树油去痘急救棒

过了青春期，却依然长痘痘

Q: 青春期时并没怎么发痘痘，反倒是现在额头上出现了此起彼伏的痘痘。为什么过了青春期，还会长痘痘？

A: 如果用皮肤放大仪来观察痘痘，会发现痘痘有两种类型：一种是痘痘边缘有白色物质，多数由清洁不当引起，加强深层清洁可帮助改善；另一种是同时伴有红色肿块，那很可能是炎症了。除清洁之外，还需配合内部调理。建议找正规的皮肤护理中心做个皮肤检测，找到原因然后有针对性地祛痘。

特别提示：皮肤出现痘痘时，千万不要使用过于油腻的产品，以防油脂堵塞毛孔，引发反复发痘。最好换成天然成分为主、不含防腐剂和香精的护肤品，以免刺激到敏感期的皮肤。

消除痘印，有啥绝招

Q: 我下巴以前长过痘痘，留下很多痘印，肤色也显得特别暗沉。有啥好方法能让下巴跟脸颊一样白？

A: 建议多给肌肤做按摩。按摩能加速皮肤的新陈代谢，改善肤色暗沉和痘印的问题。个人很推荐"田中按摩法"，具体的按摩方法在网络上可搜到视频教程。如果你想让痘印肌肤恢复白皙，最有效的办法还是使用美白精华。使用方法：在需加强美白的部位涂抹一层美白精华，以打圈按摩的方式帮助皮肤充分吸收。要提醒的是，做这些动作之前，首先确认你的皮肤已经停止发痘，以免刺激痘痘引起发炎。

黑头和粉刺会越挤越多吗

Q: 我的T区集中了好多黑头粉刺，去做脸每次美容师都会帮我挤掉，请问黑头和粉刺会越挤越多吗？

A: 黑头和粉刺按着正常的程序清理，并不会越挤越多，之后做好补水的工作就不会影响毛孔了。清洁完黑头和粉刺后皮肤表层会留下凹洞，每天用收敛水敷脸可以挽救毛孔上的凹洞，之后多敷保湿化妆水，也可以帮助毛孔的收缩，让它看起来不那么明显。

过度或者不当地挤压毛孔，会使毛孔逐渐失去弹性，从而容易堆积起更多皮肤污垢，看上去就会像是粉刺越挤越多了！一些敏感的皮肤，还容易变得脆弱和引起红肿。

所以，对待T区的黑头一定要温柔，还要多多敷补水产品，一步一步慢慢调理。

有粉刺和黑头的皮肤，适合用什么类型的面膜呢

Q: 有粉刺和黑头的皮肤适合用什么类型的面膜呢？只是普通的清洁面膜是否足够帮助去除粉刺？

A: 普通的泥状清洁面膜能够吸附到毛孔的污垢，作为普通清洁是足够了，但是如果要特别针对粉刺和黑头就需要力量再强一些的清洁面膜，比如带有果酸的清洁面膜。果酸有加速新陈代谢的功效，可以帮助去除更深层的皮脂。使用时避开眼周，在需要的局部涂上一层果酸面膜，10分钟左右用化妆棉加清水温和擦拭，就可以带走表层的黑头和粉刺。遇到更深层的粉刺和黑头，可以借助挑棒或是小镊子细心慢慢拔掉。但是记得一定要在拔完之后迅速敷上带有收敛功效的爽肤水哦，这样才不会导致毛孔越变越大。

一分钟
美容小贴士

●习惯用暗疮针去黑头或痘痘的女生要注意啦：暗疮针最好是由专业人士使用。因为使用时必须水平方向把表皮挑开，才能把黑头或脓豆挤出来。自己操作的话，很容易动作不规范、卫生不达标而引起伤口发炎，护肤不成反害肤！

井尚美女士粉刺贴

鼻贴去黑头，有用吗

Q:到了夏天，皮肤的油脂分泌愈加厉害，特别是T区和鼻头的黑头也有明显加重的倾向。有人推荐我用鼻贴去黑头，这个管用吗？

A:事实上，这并不是一个好办法。外拔式的去黑头产品只能粘出表层的粉刺，却没有办法彻底消除毛孔深层的脏污和油脂。夏天气温较高，皮肤分泌比以往更多的油脂，如不及时做好清洁，更容易滋长脂肪粒和黑头。正确的去黑头方法，是使用可以打通毛孔，深入溶解黑头和老废角质的产品。最后，一定要做好其后的毛孔紧致工作哦。

用水杨酸去黑头，有什么需要注意的地方

Q:很多人都用水杨酸去黑头，想问下这其中有什么需要注意的地方吗？

A:水杨酸是一种"前辈级"的抗老皮肤用药，可以促进皮肤新陈代谢——老化角质脱落了，皮肤自然看起来光滑细致；溶脂性的水杨酸可以打通毛孔堵塞，溶解角质层；同样水杨酸还有消炎功能，这就适用于痘痘皮肤了。

但水杨酸对皮肤有一定的刺激性，所以使用中要注意一些禁忌。首先不可在同一时间用去角质产品，并且千万不要叠加使用其他酸性产品，这不会事半功倍，反而会适得其反。皮肤过敏时也不要使用，晒伤、红肿、疼痛、脱皮时均不要使用。用了水杨酸后要注意多多防晒，因为角质被去除后皮肤的保护能力会下降。

敏感皮肤要通过测试才能使用水杨酸产品，使用频率也不要太高；油性皮肤可以两到三天使用一次，干性皮肤一周使用一次。最后记得只在T区使用哦。

DHC圆粒磨砂膏

去黑头去角质做得太狠皮肤发炎，怎么办

Q: 我曾经因为去黑头去角质做得太狠而皮肤发炎，连续发红了很久，下次如果再遇到类似去角质过度的状况，我要如何处理呢？

A: 碰到去角质过度，或是皮肤发炎的时候，可以立刻敷上敏感肌肤适用的收敛水，比如含有茶树成分的消炎水就是很好的选择，使用如雅漾等专门适合敏感肌肤使用的护肤产品。如果局部还有伤口，或者是炎症厉害，就必须停用手上的化妆品，改用消炎抗菌的药膏让皮肤迅速缓解。同样，这些有消炎作用的收敛水或是精华，也适合皮肤痘痘破裂的时候，敷在伤口上能有助皮肤的康复，帮助收缩痘疤。

一分钟美容小贴士
● 不要因为天气转热了就喜欢用凉水洗脸，最适合清洁皮肤的水温在35℃左右，和我们的体温接近的才是最好的。

去角质产品能够在皮肤上搓出屑屑来，是不是效果比较好

Q: 听说有些去角质产品能够在皮肤上搓出屑屑来，是不是效果比较好？会不会对皮肤有伤害呢？我皮肤有些敏感，不太敢乱用去角质产品，但又想尝试一下……

A: 之前看过一篇美容的文章，讲的就是可以搓起皮屑的去角质产品对皮肤的伤害。大部分这类产品都是利用强碱的成分和弱酸性的皮肤接触以后，产生类似角质的皮屑造成视觉上的误区。而其实强碱对皮肤的伤害程度是非常大的，这类产品用多了可以比喻为皮肤的慢性毒药，伤害一定会比传统的磨砂膏来得要大。

说到磨砂膏，很多人认为其颗粒在皮肤上滚动可能会对皮肤造成刺激，其实未必呢，目前很多产品的磨砂颗粒都做得非常细腻，有一些更是利用了天然成分来做去角质颗粒，对皮肤起到恰到好处的新陈代谢，最好使用细腻的去角质磨砂膏给敏感皮肤。

糟糕，有颈纹了

Q:我一直坚持使用颈霜，可最近发现脖子上还是多了几条细细的皱纹……

A:有些颈纹是天生的，除了用医学美容的方法加以改善之外，护肤品的效果并不大。有些颈纹是后天产生的，用护肤的方法可以延缓它的出现，在形成初期也有一定的改善作用。针对刚形成的细小皱纹，可取用面部抗皱霜或颈霜适量，在掌心温热后，沿着脖子由下而上涂抹，直到产品被完全吸收。每天坚持，改善小细纹是可以做到的！

此外，建议每周做一次颈膜。如果你手头没有专门的颈膜产品，可用棉片吸取爽肤水做湿敷的方法，为颈部皮肤补充足够的水分，也可以延缓和改善小细纹哦。

伤疤还在愈合中的皮肤，要怎么做清洁

Q:我前阵子去医院做了医学美容，皮肤上的一些伤疤正在愈合中，想问问伤疤还在愈合中的皮肤要怎么做清洁工作呢？

A:医生一般建议只用清水洗就可以了，冬天的话用温水，可以在手背上试温，手背不觉得过热或过冷的水温是最适合清洁术后敏感皮肤的。

如果伤疤都已经愈合了也可以用洗面奶或者洗面皂，但是切记一定不能用含酸性成分和磨砂颗粒的产品，而且要减少卸妆和洗脸的次数，避免皮肤表层的皮脂被吸取，引发敏感。

清洁的时候，为了减少护肤品与皮肤的摩擦，要在洗面奶充分起泡以后才可以涂上皮肤，隔着泡沫清洁肌肤。

● SOS！整天待在空调房间里，皮肤出现小干纹怎么办

Q:可能是上班总待在空调房间的关系，每天下班回家后觉得皮肤很紧，特别是眼周的皮肤，都已经出现小干纹了！有什么快速补救的办法吗？

A:在早晚做基础护肤时，不妨多做一两个小动作：
早晨：保湿霜"敷"一"敷"。在脸部特别干燥的部位敷上一层保湿乳霜，停留3～5分钟，让皮肤充分吸收水分后再将乳霜推匀。最后，使用有保湿功效的隔离霜和粉底。
晚间：脸部按摩操，提升肌肤保湿力。在全脸和眼周均匀拍上保湿爽肤水后，选用一款性质温和的脸部按摩油进行全脸按摩，直至按摩油完全被皮肤吸收。最后，涂上一层保湿凝胶或乳液，把刚才做的保湿效果全部"封存"起来。

● 有什么好的方法能让我的毛孔变小

Q:我的鼻头两边有好多黑头，毛孔也很大，每次擦完粉底乳毛孔里都有白白的粉底，有点擦不开，请问有什么好的方法能让我的毛孔变小？

A:毛孔虽然很难逆转，但是我们可以利用化妆来修饰毛孔，让它看起来不那么明显。化妆前一定要在毛孔明显的部位使用打底霜，打底霜的成分中都会含有一些填平毛孔的颗粒成分，之后再用

粉霜的时候皮肤就会显得很平整，毛孔当然就被悄悄地隐藏掉啦。
另外你说到了鼻头两边有很多黑头，这就要注意平时的皮肤清洁了，再次重申每周一次的清洁面膜不可缺少，每天化妆后一定要彻底卸妆加上温和清洁，并且不要因为害怕皮肤油腻而不给鼻头处滋润，选用无油的保湿精华，护肤的时候给鼻头处的皮肤多一些保湿，毛孔在得到足够的补水之后，会渐渐越来越小的。

> **一分钟
> 美容小贴士**
>
> ● 网上经常有用蛋清清洁毛孔的介绍，但是小K一直不建议这一类DIY护肤方法。过多使用蛋清清洁肌肤，很容易让皮肤变得敏感，甚至变红变薄，那就得不偿失了。

未老先衰，拿什么来拯救我的肌肤

Q: 我29岁，两颊偏干，鼻子冒油，毛孔粗大得吓人，有黑头，额头有明显细纹，眼角也长了一道小鱼尾。你一直说不做超龄保养，我现在的情况是否要抗皱产品、毛孔收敛、去黑头和保湿产品一把抓？

A: 不做超龄保养，可不单单是我们的生理年龄，更是我们的皮肤年龄哦。针对两颊和T区皮肤的不同肤质，应选择不同诉求的产品组合使用。无论抗老或控油，基础都是有一个足够滋润的皮肤。进行分区护理之前，最好加一步保湿精华，为肌肤打一个好底子。接下来再解决鼻区和额头的问题：有控油和收敛效果的产品能减少油脂的分泌，是对付鼻区黑头和粗大毛孔的好帮手；额头处可使用抗皱紧肤的产品，顺着皱纹的纹理多涂抹几次，将细纹仔细填满。不少抗皱产品都有推荐的按摩手法，别偷懒，多做几个小动作让效果更显著哦！

日本安耐晒防晒乳液

面部开始松弛，如何消灭下垂状的毛孔啊

Q: 过了28岁以后很明显地发现脸部的毛孔开始变松弛，有时仔细照镜子，都能看见呈下垂状的毛孔了，真是越想越没信心，可以给我一些改善毛孔的建议吗？

A: 对付松弛型的毛孔最主要就是加强新陈代谢。随着皮肤年龄的老化，肌肤的代谢也会减慢，老旧的角质不断地堆积在皮肤上，看起来毛孔就像是变得更大了。这时候用颗粒状的去角质产品磨去毛孔周围的老旧角质，可以首先从视觉上变小毛孔。同时还要搭配抗老的保湿霜。将保湿霜均匀地擦拭全脸，记得用拍打的手法涂抹，精华液可以被压制性地填入松弛的毛孔中，更能全效发挥精华液的作用呢。

一分钟美容小贴士

● 如果嫌层层涂抹对皮肤的负担太大，可以找一些融合多步效果的护肤品简单过夏天哦。比如替代化妆水和精华液的保湿化妆水，又或是拥有乳液和防晒功效于一体的防晒乳液。

面部开始松弛，如何消灭下垂状的毛孔啊！

有能迅速改善蜕皮状况的面膜吗?

Q: 冬天我鼻子上的皮肤特别容易干燥，常常上了粉底后发现两颊和鼻子的皮肤都干得起皮了，除了提前一天做补水面膜强力补水之外，还有什么能迅速改善蜕皮的面膜吗

A: 皮肤如果遭遇蜕皮，那么唯一的办法就是补水保湿，一层不够再加一层，一次不够再多一次。只有强力的补水才能改善蜕皮问题。

如果只是普通的蜕皮状况，可以用化妆水加棉片敷脸的急救方法哦，敷上5～10分钟就基本抚平干燥的皮肤了。

若是单靠化妆水已经无法改善的蜕皮，那么在这里分享一个我新学到的方法。在蜕皮的局部先擦上一层厚厚的保湿凝露，很多过夜面膜都可以充当这个角色。然后再敷上浸透化妆水的棉片，等待15分钟之后揭掉棉片、擦去凝露。这好比补水之后一定要用带有油分的乳液来保护水分不被蒸发的道理一样，盖上棉片后强制毛孔努力吸收更多的水分，很迅速就能抚平干燥蜕皮的皮肤。

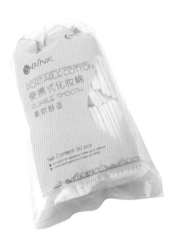

肤色变暗沉了，还能白起来吗

Q: 这几年，我的肤色变得越来越暗沉。自我反省了一下，可能因为我是典型的夜间动物，经常玩到很晚才回家。请问我还能白回来吗？我该怎么做？

A: 建立良好的护肤习惯和作息习惯，是让肤色变回白亮的不二法则。其实，除了熬夜睡眠不足会令肌肤变暗沉以外，紫外线的照射会导致皮肤老化，导致肤色泛黄失色；抽烟、卸妆不彻底等不良习惯，也会让皮肤失去肤色本该有的透明感。建议每日坚持使用美白精华，逐步提亮整体肤色；每月使用去角质产品，清除皮肤表层的废老角质。此外，一定要养成每天防晒的习惯，抵御紫外线对皮肤的伤害。

> **一分钟美容小贴士**
> ●使用贴片面膜前，可放入冰箱15分钟后取出再敷面，会有额外的镇定舒缓的功效！

敷面粉最近很红，这个靠谱吗

Q: 最近，网络上很流行一种叫"敷面粉"的护肤品。据说使用一次，就能看到很大的改变。这种敷面粉的功效真的这么好吗？

A: 敷面粉其实是一种粉末状的调和型面膜。其功效取决于产品中有哪些主要成分，比如，含收敛剂或有机酸类成分的敷面粉可帮助清除毛孔中的污垢和多余油脂，去除粗厚角质，使毛孔畅通，预防粉刺暗疮；以麹酸、熊果苷、果酸等成分为主的敷面粉则可分解黑色素聚集，滋润皮肤，防止雀斑产生。敷面粉需要自己调和之后使用，如果你觉得在家敷面麻烦的话，也可带去美容院请美容师帮忙。

> **一分钟美容小贴士**
> ● 做清洁面膜之前先涂一层保湿精华可缓解皮肤干燥，避免敷上清洁面膜造成皮肤的刺痛感。

Strawberry Souffle mask美国草莓泥面膜

果蔬DIY面膜，其实没效果

Q: 一到夏天，我就很喜欢用新鲜水果做成面膜来保养皮肤。不过有人说这种DIY面膜其实根本没啥效果……

A: 根据皮肤生理构造组织的科学理论显示，我们的肌肤具有脂溶性的特性，皮肤表面的皮脂可防止水分侵入皮肤表层。果蔬自制面膜的营养成分是水溶性的，不能渗透到肌肤内部，肌肤也无法吸收。而榨成汁的果液更易被污染而产生细菌，用以敷面很可能会造成对皮肤的伤害。如果皮肤正好有伤口，还会造成毛囊炎甚至敏感型面疱。所以，还在DIY蔬果面膜的姐妹们，建议还是尽快更换正规厂家生产的护肤面膜吧！

干燥的冬天如何才能让保湿面膜保持更持久更滋润啊

Q: 在暖气房间里做贴片式的保湿面膜似乎干得特别快，但是去没暖气的房间实在冷得受不了，有办法能让保湿面膜变更持久更滋润吗？

A: 有足够耐心的话，敷上面膜后，在需要加强保湿的部位贴上剪成小块的保鲜膜，10～15分钟后揭去，千万不要觉得时间越长效果越好哦，保鲜膜不透气，太久的贴面可能会导致皮肤过敏。

还有另一个我最近在试的方法，敷上贴片面膜之后在面膜外层再涂上一层保湿精华或者保湿乳液，一边涂一边隔着面膜按摩皮肤，待到觉得面膜有些干的时候就翻一个面，把涂满乳液的这一层贴上皮肤，这样既补水也有油分覆盖在皮肤表层，是非常有效的保湿方式呢。

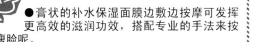

一分钟
美容小贴士
● 膏状的补水保湿面膜边敷边按摩可发挥更高效的滋润功效，搭配专业的手法来按摩还能瘦脸呢。

睡眠面膜没效果

Q: 我很喜欢睡眠面膜的清爽质地，春夏季使用也非常方便。但是使用一段时间之后，我发现皮肤变得有些粗糙。是我选错了产品，还是用错了方法？

A: 睡眠面膜的质地清爽，但同时所含的营养成分也较少。它就像一层薄膜覆盖在各层营养之上，帮助皮肤更有效吸收其中的有效成分。正确的使用步骤应该是：水——精华——晚霜——睡眠面膜。有人误以为面膜营养丰富，因此可省略精华或晚霜。实际上，缺少了之前的任何一个步骤，护肤效果都会大打折扣！

○ 美白会让我肌肤敏感，怎么办

Q: 我一直在坚持用美白产品，效果还是能看到一点的，但是最近感觉皮肤变得敏感了，状态也容易不稳定，是因为我用的产品不合适还是其他什么原因呢？

A: 想要美白首先要调整好皮肤的状态。皮肤细胞在有炎症的时候会显示出极度不稳定的状态，可能容易过敏，可能会爆发痘痘，各种状态都是因为皮肤不够健康，需要进行调理。美白产品只有在稳定健康的皮肤中才能发挥最好的功效。所以我的建议是，先用最简单的护肤步骤，洁面、补水、防晒，坚持一个月，让皮肤在调理中慢慢恢复健康。然后逐步加上美白产品，可以先加一个美白精华，待到加入了美白精华皮肤依然可以适应依然健康，没有皮肤问题以后，再逐步换入其他美白产品。相信这样的方法可以帮助到美白哦。

○ 选择护肤品，敏感皮肤有什么特别要注意的吗

Q: 最近很烦恼皮肤过敏的问题，涂任何护肤品都觉得皮肤痒痒的，能告诉我在选择护肤品的时候，敏感皮肤有什么特别要注意的吗？

A: 敏感皮肤在购买护肤品的时候坚决不要人云亦云，别人用了适合的产品不一定适合你，一定要去柜台试用。试用时不能直接将产品擦上皮肤，只可以将护肤品涂在脖子上，等一小时确定不发红也不会痒，再涂脸部皮肤试用。这个过程虽然挺麻烦，但这是为了自己的皮肤负责呢。

总结我自己平时的购买经验，美白的产品普遍致敏度比较高，还有质地比较"水"的产品也很容易过敏，因为化妆水中会加入许多界面活性剂以利于保存。另外，一些凝胶质地产品中会含有酒精，也不太适合敏感皮肤。

● 严重过敏，还可以使用普通护肤品吗

Q: 最近皮肤有严重的过敏状况，医院配的药膏大部分都含有激素，用多了我担心会有依赖性，想问问普通的护肤品我还可以使用吗？可以推荐一个能买到的品牌吗？

A: 过敏严重的时候首先去医院解决病因，这是完全正确的。按医生的叮嘱先让过敏的症状恢复到稳定的状态，然后再考虑可以用些什么日常护肤品。

很多时候皮肤过敏也有可能是因为缺水造成的，所以我会首先建议使用补水产品。补水精华、面霜、面膜之类都是比较安全的产品。在产品选择上尽量挑选单一功能的品牌，抗老之类的功能先不考虑，因为越是多功能的产品，成分越复杂，致敏的可能性也越大。

● 我的皮肤特别容易过敏，现在流行的蒸脸器适合我吗

Q: 冬天我的皮肤特别容易过敏，进出门一冷一热皮肤立刻就会发红，现在挺流行用蒸脸器的，请问适合我吗？还有我平时需要注意一些什么呢？

A: 你的皮肤千万不可以使用蒸脸器！按照你的描述，我猜测你应该是一受到外界刺激就很容易发红的过敏性皮肤，温度或是气候等因素都容易影响你的皮肤状态。

这类皮肤一定要减少皮肤一冷一热的刺激，蒸脸器会加大对皮肤的刺激，效果适得其反。除了冷热刺激之外，还建议要减少脸部按摩。按摩主要是帮助血液循环加速新陈代谢，对于循环不好的体质会比较有帮助，但是过敏皮肤经过按摩反而会伤害皮肤的耐受性，建议两周按摩一次就可以了。

平时可以用有修饰效果的隔离霜来遮盖脸部发红的问题，不过不建议用绿色的隔离霜，虽然理论上绿色可以调和过多的红色，但是我个人用下来觉得绿色有点白得不自然，反而黄色的修饰乳会更自然一些，比如BB霜，或是有遮盖效果的修饰乳都会很好用。

> **一分钟美容小贴士**
> ● 春季皮肤容易发生干燥过敏的状况，少用一些去角质的产品，让皮肤减少额外的刺激，健康平稳地度过春季就是美肤关键。

涂抹新购面霜的时候会感觉皮肤有些刺痛,请问这正常吗

Q:前几周我新开了一瓶面霜,面霜的功效是抗老和保湿,但是我每次在涂抹的时候都会感觉皮肤有些刺痛,请问这是正常的情况吗?

A:如果只是偶尔在皮肤状态不好的时候感觉刺痛,那么可能是你皮肤偏干。

但如果是像你说的那样每次使用都感觉到有刺痛,那可能这瓶护肤品中的某些成分对你的皮肤有刺激性。当皮肤受到刺激而发生炎症的时候就会表现出刺痛,而长期使用让皮肤产生刺痛感的产品很可能会破坏皮肤原本的修复能力,导致炎症更加严重。还可能会让皮肤上的疤痕恶化,分解皮肤的胶原蛋白和弹力纤维组织,无法抵御细菌的入侵,最后造成粉刺。所以,如果涂抹的面霜让你感觉刺痛,最好先停用,也可以咨询一下专业医师,可别因舍不得价格不菲的面霜而得不偿失啊。

GUCCI花之舞身体乳

一分钟
美容小贴士

● 随身的化妆包中可以放一瓶多用途的护肤油,涂脸涂手非常万用。

极度干燥的脱皮肌肤该如何养护啊

Q:我以前的皮肤很细滑,几乎不怎么用化妆品,但最近皮肤变得干燥脱皮,用爽肤水加护肤霜都已经不起作用了。请问多敷补水面膜能缓解吗?有什么补水面膜推荐?

A:不单单是要用面膜来补水,你需要的是完善自己的护肤步骤了哦。

从洁面、面膜、爽肤水、眼霜、补水精华、面霜加上防晒,这几个最简单的步骤产品必须备齐,不一定要是很昂贵的品牌,挑正规的牌子就行,价格按自己预算来选择。皮肤护理是个长久战,暂时的急救偶尔可以尝试,但是坚持每日保养才是皮肤健康的基础。

皮肤特别干燥的时候,你可以尝试在洁面品中加一点保湿精华洗脸,面霜里也可以加入保湿精华,坚持两天一次补水面膜,尽量使用贴片式的面膜,这会帮助皮肤更好吸收养分。

有什么办法能改善法令纹呢

Q:经过一个春天坚持不懈的减肥之后，我终于在夏天到来之前瘦了好多！可是，本来比较多肉的脸上现在变得有些松弛了！鼻翼两侧的法令纹特别明显。有什么办法能改善一下法令纹吗？

A:因为减肥而造成的法令纹，应该是脂肪松垮了，没有了肌肉的填充而松弛下来的。要得到彻底的改善非常难，除非去借用一些美容手术，比如注射玻尿酸，把松垮的肌肤重新撑起饱满起来，不过这些美容手术维持的时间都比较有限，在一定时间后需要再进行持续的补打才能维持效果。

比较简单的方法是，给法令纹这里的肌肉做做运动，比如噘嘴、鼓起两颊，这些随时都可以偷偷做的运动能让肌肉有效地活动起来，让脸部线条得到改善，能略微有些效果。

还有一个直接的方法就是化妆了。是否听说过含了矽的护肤品能让手感变得非常顺滑？矽是一种很好的瞬间填补皱纹的妙方，很多品牌都推出了含有矽的平纹棒或是抚纹笔。另外还有一些具有修颜作用的BB霜也能遮盖修饰法令纹。在化妆打底之前先用这类产品把法令纹的皱纹填补满，用手指按压的方式涂抹，能帮助成分更好地填入。然后用遮瑕笔打亮两条法令纹，均匀推开。最后用细腻的蜜粉扫过法令纹，就能很好地遮盖了。

植村秀绿卸妆油

感觉皮肤不怎么吸收护肤品，怎么办

Q:这几天早晚涂脸时，感觉皮肤不怎么吸收护肤品，无论用什么都看不到效果，请问是我用的产品不好还是方法不对呢？

A:皮肤也有自己的生理期，一般在月经期之前的一个星期，会感觉皮肤吸收力变差，有时候还伴随着发痘的状况。

在这个阶段可以调整一下所用的护肤品，比如尽量不要使用油脂含量过高的产品，转而选择一些保湿护肤品。如果还伴随发痘的状况，那用的产品就一定要清爽，不给皮肤造成负担。保持基础的日常护肤的同时，加强做面膜，靠面膜大量地补水来稳定皮肤状况。

不用担心精简了护肤产品会影响皮肤保养，过了这个阶段再重新加入皮肤的密集护理，皮肤的吸收力反而会变得更好呢。

一分钟
美容小贴士

●防晒霜的残留若不卸除干净，很容易堵塞毛孔而引发痘痘。即使没有化妆，每天也要用卸妆乳给肌肤做个彻底的清洁。

生小孩会让皮肤变干

Q:我的皮肤一直是混合性肤质，但是生完小孩后，发现我的皮肤变成"干皮"了！之前用的护肤品几乎全都不能用，洗完脸如果没有及时用保湿霜，都能看到皮屑往下掉……

A:生育和哺乳的过程会令女性体内的激素发生变化，皮肤也会出现缺水、变干的情况。首要一点是加强补水保湿的护肤功课，补水精华和补水面膜做到足够勤快，平时也要多喝水。同时，建议你好好调理一下身体，调整作息保证充足的休息时间。此外，也可适当饮用一些胶原蛋白饮料。胶原蛋白能让皮肤更细腻，还可增加皮肤的水分和光泽度。内调+外养，持之以恒，水润美肌一定会回来的！

孕期和产后该怎样打理肌肤

Q:再过几个月，我就要当准妈妈了。想问孕期和产后该怎样打理肌肤？

A:先要恭喜准妈妈哦！我的第一个建议是使用一些无香的产品。很多准妈妈在孕期会对不同的香味过敏，因为不确定怀孕的不同时期会对哪一类香味有不适反应，无香产品是最安全的。其次，选用成分天然的产品，避开美白和抗老的单品，着重保湿和防晒。怀孕期间，身体的激素会和以往不同，简单的保湿就可以很美很健康。
产后的妈妈则一定要加强美白护理。很多人会有斑点的烦恼，美白是对抗斑点的不二法则。同时，还要注意的是防晒。美白和防晒同时配搭，才会更有效哦。

4

美人心计
——塑造零缺陷无瑕肌

适合初学者的彩妆品

女人可以素颜不化妆，但是不可以不懂化妆。当你去面试、演出，或是约会的时候，一点点淡妆就可以大大提升你的外貌，那么给人留下好印象！现在为大家介绍一些适合化妆初学者的彩妆品吧！

妆前 / 隔离霜

妆前产品推荐：贝玲妃反孔精英脸部底霜
推荐理由：适合任何肤色，解决大多数人"毛孔粗大"和"泛油"的皮肤问题，令妆容更持久。

妆前产品推荐：和风花语系列泡沫隔离底妆液
推荐理由：泡沫的独特质地增加了上妆过程的趣味性而且易涂抹，妆感轻盈、舒适。

粉底

粉底产品推荐：清晰无痕粉底液
推荐理由：无油配方感觉清透，几乎不会对皮肤造成负担，同时又兼备遮瑕的效果。延展性好，无论用手涂抹或是用海绵、粉底刷，都可打造出均匀、自然的效果。

美容小贴士

不要使用吸水性太强的海绵：少量的高清晰无痕粉底液足以均匀覆盖和调节整个面部肌肤。

粉底产品推荐：BOBBI BROWN瞬采焕颜润色乳
推荐理由：第一款不含灰度的BB霜，适合亚洲人的肤色。中度遮盖力与滋润保湿的完美配比，能保证良好的无妆感自然裸妆效果。

美容小贴士

推开之后，用手轻拍、按压，可使其更加服帖。小编个人认为，用手或粉底刷涂抹比用海绵的效果好。

⊙ 眼线

眼线膏产品推荐：流云眼线膏

推荐理由：（配合眼线刷使用）质地柔滑，眼线刷易操作。可根据自身喜好和需要，画出宽窄不同的眼线。不易晕染。

⊙ 睫毛膏

产品推荐：贝玲妃以真乱假睫毛膏

推荐理由：精巧的刷头连眼角的睫毛也不会被"忽略"。适宜的浓度可轻松刷出浓密、纤长的效果，而且不会出现"苍蝇腿"。不易晕染，而且用温水就可轻松卸除。

⊙ 腮红

腮红产品推荐：贝玲妃蒲公英蜜粉

推荐理由：淡雅的颜色，既可以涂抹整个面部用来定妆，也可当做腮红在微笑肌处反复涂抹，打造甜美的妆容效果。清新的粉色，可防止初学者将腮红涂的过于浓重。

美容小贴士

用于定妆时，用附带的粉刷蘸取蜜粉后均匀的在面部涂抹一次即可，避免反复使用造成肤色不均或发红。

⊙ 眼影

眼影产品推荐：资生堂丝柔亮滑眼影组

推荐理由：眼影没有特别的推荐，只要是大地色系就OK了！蓝色、粉色、紫色等鲜艳的颜色，涂抹的位置稍有不当，就会使眼部看上去浮肿，适得其反。保守的大地色系，是初学者打造自然裸妆的理想选择。

四季嘴唇保养

干燥其实是四季都存在的问题，冷风、热空调的频繁交替特别容易让双唇粗糙甚至干裂，严重影响整体妆容效果。于是，给唇部充足的保湿和滋润，成为四季最重要的护唇要领。同时，选择具有滋润效果的保湿护唇产品可以很好地打底，使唇妆更持久润泽。选择适合自己的一款即可滋润整个春季。

● 梦妆蜂蜜润唇精华素

产品推荐理由：蕴含具有强化唇部肌肤保护功能的蜂王浆及蜂蜜萃取物，有效修护受损的唇部肌肤，并在唇部形成滋养保护膜，源源不断地给予双唇天然养护。内含的肌肤亲和性植物油成分，性质温和，不刺激娇嫩的唇部肌肤。紧锁水分防止蒸发，展现柔滑、富有光泽的娇唇。

● FANCL润唇膏

产品推荐理由：蕴含氨基酸天然补湿成分，高效补湿锁水。植物SOD成分能去除因紫外光所产生的自由基，保护唇部肌肤免受日间紫外光的伤害。玫瑰果油则含丰富维他命E，可以改善粗糙，保持唇部肌肤健康润泽。

● 曼秀雷敦天然植物修护润唇蜜

产品推荐理由：天然蜂蜡成分，特别温和保湿，不易刺激幼嫩肌肤。丰富天然植物成分，乳木果油、杏仁油、芦荟精华及霍霍巴油，深入滋润保护。抗氧化成分维他命E及葡萄籽精华，令双唇恢复饱满、柔软滋润、淡化唇纹。 喱质地、轻盈柔滑、提亮自然肤色，散发健康活力，柠蜜清香，细致修护。

◉ 羽西生机活能灵芝润唇膏

产品推荐理由：神奇灵芝能量，帮助加速唇部肌肤焕新，改善晦暗和粗糙；Pro-Xylane，丰富滋养双唇，有助减少唇纹和干裂；结合小分子透明质酸渗透浸润，持久保湿。双唇从此呈现丰盈诱人的自然红润光采！

◉ 妮维雅丰润闪耀护唇凝露

产品推荐理由：首款含透明质酸成分的护唇凝露，直接将透明质酸注入唇部肌肤，立即充盈、抚平唇纹，恢复肌肤弹性，让唇部由底层自然丰盈。同时紧锁唇部深处水分，缓解双唇干燥。淡彩与闪耀光感颗粒的完美结合，瞬间提亮暗淡唇色，让唇部呈现丰盈光感，打造无可比拟的柔嫩光滑的诱人娇唇。

美嫩娇唇也是要防晒

在潮湿的夏天，唇部失水的感觉可能不会太强烈，所以我们很容易忽视在外线所能导致的色素沉淀和唇纹加深。所以夏日首选的唇膏除了有良好的色久滋润等特性，带有防晒效果也是非常重要的。

◉ 雅诗兰黛防晒护唇膏

产品推荐理由：一款轻盈的唇部护理产品，能同时滋润并保护唇部肌肤。防止脱水和皲裂现象的产生，提高唇部的紧致度，平滑细纹和皱纹。有效提高唇部的弹性和紧密度，平滑细纹和皱纹，SPF15的保护其免受阳光和污染的伤害，防止脱水和皲裂。

◉ 防晒亮唇蜜

产品推荐理由：一个可以保护双唇，加上轻透亮丽颜色的产品，SPF15防晒配方，容易使用，方便携带。提供自然透明的防晒滋润效果，斜置的管口，方便涂抹。共有8款颜色可供选择，图为3号，亮丽的色彩很适合夏天使用。

圣罗兰莹亮口红

产品推荐理由："莹亮口红"添加了圣罗兰独家创新并领导流行趋势的珍珠亮粉，使您不必再为任何原因在颜色与亮度、光泽与透明度、唇部保护和色彩保持之间难以选择。混合的珍珠亮粉完美地散射光线，良好的透明度使暗哑变得纯净。明亮的笑容就这样迅速呈现出来，你的微笑将被定格。防晒指数达到SPF 15，内含茄红素具有丰富的番茄精华，可以保护唇黏膜免受各种侵袭，并且散发出甜美的芒果香气。

倩碧 高感超炫唇膏

产品推荐理由：全新倩碧高感超炫唇膏SPF 15中运用了多种有效成分，以确保这只小小唇膏糅合进难以想象的魔法能量，帮助你实现超乎想象的完美唇部。 哪怕只是试用，你也可即时感受到全新倩碧高感超炫唇膏SPF 15所带来的全效感受:双唇色泽闪亮动人，却毫无干燥不适，反而拥有前所未有的滋润柔滑。色泽持久不褪，滋润也全日无歇。SPF 15的防晒倍数令你更无需担心日晒伤害。

教你赶走黑鼻头远离草莓鼻

黑头导出液是一种去除草莓鼻最有效的方法，它是以油溶油的原理来消灭草莓鼻，通过导出液的进入迅速溶解毛孔中的污垢来达到去黑头的目的，相似的产品还有卸妆油和橄榄油都能达到类似的效果。

黑头导出液

黑土导出液是一种去除草莓鼻的有效方法，它是以以油溶油的原理来消灭草莓鼻，通过导出液的进入迅速溶解毛孔中的污垢来达到去黑头的目的，相似的产品还有卸妆油和橄榄油都能达到类似的效果。

鸡蛋内膜

这种去除草莓鼻的方法广泛流传于民间，鸡蛋内膜就是生鸡蛋的蛋壳和蛋清之间的那层薄膜，直接

用手可以撕下来贴在鼻头上，等干了之后再撕下来，能够把草莓鼻的污垢一起撕下。

🌙 自制酸奶面膜

　　自制酸奶面膜向来都有很好的护肤效果，把没有喝完的酸奶放在冰箱冷藏一段时间，然后敷在脸上当做面膜使用，不仅能够很好的滋润皮肤，还能对付毛孔中的黑头和白头，使用一段时间后可以发现毛孔洁净了很多，草莓鼻也在慢慢消失。

🌙 热米饭

　　用热米饭来揉搓草莓鼻也是一种很好的方法，因为热米饭有一定的热度可以将毛孔打开，然后利用它的粘性将毛孔中的污垢和油脂吸出，把刚煮熟的米饭取出一些在手心，等到皮肤可以接受的温度就拿来揉搓鼻头，20分钟后就可以看到草莓鼻明显好多了。

🌙 小小粉刺针

　　想要快速去除草莓鼻，粉刺针也是一种有效方法，在使用粉刺针之前，先用热气蒸脸，让毛孔被自然地打开，然后用粉刺针将黑头轻轻挤出，注意不要伤到皮肤，事后赶紧用柔肤水收缩毛孔舒缓皮肤，这样也能快速消除草莓鼻。

让毛孔彻底隐形不做大孔女

　　关于缩小毛孔，市面上有很多针对性的产品，也有无数偏方。导致毛孔粗大的原因有很多种：比如基因、皮肤类型、衰老或者阳光损害。想让自己的毛孔没那么明显吗？那我们给你9个拥有梦想无暇肌肤的方法，一起来看看吧。

1. 保持毛孔畅通

　　让毛孔不被撑大的最好方法是让它们保持畅通，泥质面膜能快捷吸走堵塞的毛孔中的油脂，帮助疏通毛孔。我们推荐L'Erbolario的黏土蜂胶面膜是风靡意大利的奇妙护肤秘密：只需在洗干净的脸上涂上薄薄一层，让其在脸上停留几分钟，你就会看到面膜上出现了多个油点，就像它真的将毛孔中的油脂吸出来一样。

2. 含油洁面产品同样有效

　　不要再排斥含油的洁面产品了，事实证明，脸部油脂更容易在油里而非水里溶解！对于油性或者混合性皮

肤来说，带有油份的清洁产品对于毛孔清洁有着非常不错的功效。对于干性皮肤来说，使用一点含有油类或脂类产品，不仅能帮助清洁毛孔，还能增强保湿。

3. 间隔一周再使用鼻贴

如果你肤色较深，费劲挤出脸部的黑头很容易损伤皮肤并且导致色斑，鼻贴是解决这一问题最快捷最有效的方法。隔两周使用一次最为合适，因为过于频繁的使用，反而会让毛孔比之前变得更大。

4. 来点维生素A的产品

保持毛孔清洁，对抗皮肤岁月问题还得有赖于维生素A(也就是常说的视黄醇)家族产品。老配方的产品可能会像烈酒，导致皮肤干裂，红肿以及刺痛。不过新配方就好多。含有透明质酸以及处方类维生素A酸两种高保湿因子。晚上在保湿霜前使用，可以保持肌肤光滑并减少对皮肤的刺激。

5. 深度滋养

一个能够激发肌肤胶原蛋白产生又能紧致毛孔的当属乙醇酸。它不仅有快速地功效，而且还能去除皮肤的死皮细胞，还你肌肤光滑细嫩。最有效地促进乙醇酸吸收的方法之一便是采用非自我中和类的乙醇酸脸部清洁产品，它在脸上保留时间很长，就能越深层次促进吸收。假如是干性皮肤，用温和洁面产品卸妆后，可像做面膜一样，让其在脸上停留1～5分钟再用干净潮湿的毛巾擦掉。用清水冲洗脸部，最后涂上保湿霜。

6. 防紫外线

长期以来防晒都是隐形毛孔的关键一步。随着岁月的累积，紫外线侵害会使皮肤变薄，破坏内部胶原蛋白，从而增大毛孔。许多防晒配方的产品具有一定光泽度，这反而会使毛孔问题更加凸显。含SPF的粉底就不错，因为他们在防晒的同时还能有助抚平毛孔。

7. 新一代去死皮产品

另外一种对抗对抗毛孔问题的方法便是化学去死皮。新一代去死皮产品能够深层作用于皮肤，让它瞬间散发自然光泽，让皮肤提早预防变老。ReVive是一款很好的选择，它含有70%乙醇酸以及多种抚平肌肤的抗氧化成分，能够对抗可能因乙醇酸引起的皮肤炎症；它能让你拥有物理去死皮所能达到的皮肤紧致光滑效果，但同时还不让皮肤出现红肿脱皮等现象。

8. 权宜之计

迅速让你隐形毛孔的方法可能也只有PHOTOSHOP了。不过也只是暂时的，因此虽然效果不错，但是对你毫无用处。试试反孔精英脸部底霜，能轻拍于脸部任何一处毛孔粗大的地方，并让他们瞬间隐形，它的润滑膏状配方也非常适合干性皮肤。如果你是油性皮肤，最好选择一款控油的缩小毛孔产品，比如清脂调护精华液，能帮助吸收过度分泌的油脂，不让它们破坏你的底妆。

9. 闪银高光产品要用到正确位置

有些人可能会将带闪银的化妆品涂在整个脸部，这样做会让其粗大的毛孔无处藏身更为明显。因此，涂带闪银的化妆品时最好选择脸部毛孔细小的区域，比如颧骨上方、上鼻梁、前额发际线位置以及眼睑部位，然后再其他毛孔粗大的地方选用哑光产品。这样做会将别人的视线吸引到你皮肤光洁的位置。

月球脸打造陶瓷肌

要想每次拍照的时候都能够像一样上镜，没有小V脸也没关系，只要拥有光滑细致的陶瓷娃娃一样的肌肤，在人群中出彩再也不是梦。可是一些坏习惯总是会造成肌肤毛孔越来越大，皮肤粗糙得跟钢丝刷一样，小编这就教你N多好习惯，扫光粗大毛孔。

毛孔粗大的元凶：角质堆积懒清理

皮肤的表皮基层会不断地制造细胞，并输送到上层，等细胞老化之后，如果不注意清洁，造成角质不能够正常代谢，毛囊及皮脂腺管口堆积过多的角质，老旧角质也无法正常脱落。使得毛孔变得粗糙，更加容易堵塞，从而造成毛孔粗大的状态。

你应该这样做

1. 卸妆要彻底

清洗不干净，让污垢长期残留在毛孔里导致毛孔被撑大。卸妆一定要认真彻底的执行。一定不能忘记让卸妆油乳化，可以用水浸湿手之后，以顺时针的方向在脸上打圈，最后再用洗面奶清洗一次，保证妆容被彻底清除。

2. 定期去角质

定期去角质是防止毛孔粗大的最直接方法，每天洗脸后使用含有收敛成分的化妆水拍打肌肤，对脸部肌肤进行二次清洁。然后每隔三天使用一次去角质，每周敷用深层清洁面膜，让老旧角质走光光。

3. 养成健康的生活习性

熬夜、生活不规律、换季等影响会使得角质代谢不正常，粗厚的角质堆积在毛孔周边，就会让毛孔变得很粗糙。这样的现象最容易出现在额头、鼻翼以及两侧的脸颊部位。

推荐产品

倩碧净透卸妆油

推荐理由：这款卸妆油质地温和不刺激，乳化速度快，能够强效清除肌肤表面的彩妆。

去角质按摩膏

推荐理由：这款按摩膏含有较大颗粒的磨砂颗粒，能够软化和去除老旧角质，不会致使肌肤干燥，使用后会让肌肤更加细腻。

毛孔粗大元凶：肌肤衰老松弛

你应该这样做

1. 防晒一定不能忘

要知道90%以上的皮肤提早老化都是过度的阳光暴晒造成的。紫外线的光老化作用和人体内多余的自由基的氧化作用，都会破坏健康的肌肤细胞，导致肌肤"未老先衰"。希望这个数字能让你记得出门防晒，以及回家后的要记得晒后修复工作。

2. 补充胶原蛋白

通过口服或者使用补充胶原蛋白，能使皮肤的支撑能力得到显著增强，防止毛孔时近肌肤松垮，进而导致毛孔变大，为肌肤重新注入活力。

3. 多食用抗氧化蔬果

多摄取含抗氧化物的蔬果，如胡萝卜、西红柿、葡萄等，还要多喝红酒和茶，它们可以保护皮肤内的胶原蛋白。避免食用高脂肪食物，以免产生自由基，加速皮肤的下垂或老化。

推荐产品

胶原蛋白晚霜

推荐理由：这种晚霜能够为肌肤补充胶原蛋白，增加肌肤紧实性与弹性，延缓肌肤衰老，防止毛孔因为表皮松弛而变得粗大。

> ## 毛孔粗大元凶：
> ## 油脂分泌旺盛

皮脂分泌旺盛的毛孔就像是一个活火山口，随时随地会让油脂爆发出来；而油脂分泌少的毛孔，就像一个死火山，毛孔自然而然看起来不明显。这种毛孔粗大的情况通常伴随着粉刺与青春痘问题，常发于油性肌肤、青春期以及T字部位。

你应该这样做

1. 坚持使用晚霜

调研发现，皮脂腺在夜晚更活跃。因此，油性/混合性皮肤尤其需要使用夜晚专用护肤产品，以便更有效地抑制油脂分泌，以减少白天的皮肤表面油光，有效地缓

解痘痘、油光、毛孔粗大等皮肤问题。

2. 控油精华走起

控油精华采用顶级茶树油精华，能轻松地被肌肤所吸收，深层杀菌消炎，搭配上金缕梅或透明质酸等，还能有效地将水份锁入肌肤表层细胞，使肌肤表层恢复水润活力，抑制肌肤油脂分泌，使肌肤油水平衡。

3. 饮食要清淡

多吃蔬菜水果，饭菜尽量清淡；少吃辛辣、刺激、油炸、熏烤的食物。更重要的是保持轻松心态，因为内分泌状况与心情是关系密切的，心情好，生活规律有益于身体、肌肤和谐，肌肤也更容易接近水油平衡的完美状态。

推荐产品

美白亮颜晚霜

推荐理由：这种晚霜的功效是提亮肤色和补水保湿的作用，其含有的控油因子在给肌肤补水的同时能够控制油脂，令肌肤保持自然平衡的水油态。

毛孔紧致控油精华素

推荐理由：这种精华专门针对油性及混合性肌肤，能够减少过多油脂的产生，平衡水油，可以让肌肤清爽细致，改善毛孔粗大的问题。

毛孔粗大元凶：
干燥缺水导致粗糙 ,,

角质一旦吸饱了水，就会像吸了水的海绵一样膨胀起来，毛孔周围的细胞吸满了水膨胀起来，毛孔自然就会变得不明显；反之，肌肤表面缺水，角质层就会出现干燥、粗糙的外观，毛孔变得更加明显。

你应该这样做

1. 化妆水泡纸膜

每天用保湿面膜敷脸太过了，想要保持水润肌肤，小编就教大家一个比较简单的方法。使用无酒精色素的化妆水倒在纸面膜上，往脸上敷贴，只要10分钟，立即神采焕发，就会马上感到肌肤的水润。

2. 保湿喷雾来救驾

办公室内由于长时间开着空调，这样干燥的环境对于OL们的肌肤来说简直是天敌。在办公桌上常备一款保湿喷雾，有效恢复肌肤水润感，赶走干燥。保湿型喷雾除了能够对肌肤进行随时随地的补水滋润，更能够调节肌肤水油平衡。

3. 营养均衡最重要

营养不良会使人的皮肤变干皱、毛孔变粗大。因此，平时应注意饮食的多样性、营养的合理性，多食能转化皮肤角质层、使皮肤光滑水嫩的维生素A(动物的肝、肾、心、瘦肉等)，多吃新鲜的蔬菜、水果，少吃含饱和脂肪酸较高的动物性食物。

推荐产品

肌研极润保湿化妆水

推荐理由：这款化妆水不含香料色素和酒精，对肌肤保湿能力和修复能力非常出众，而且性价比高，拿来泡纸膜也不会心疼。

欧舒丹玫瑰保湿喷雾

推荐理由：这款喷雾蕴含天然玫瑰水、甘油和芦荟，利用方便的喷雾泵瓶，喷出少许就能迅速渗透肌肤，实时为干燥肌肤补充水分。

小心错误护眼迅速变大

眼部肌肤是面部最薄的肤质，同时又是活动最频繁的部位，而且还是化妆中拉扯皮肤次数最多的肌肤，是非常容易长出皱纹的，并且一旦长出就很难消除。然而我们在呵护它的同时，又出现一些眼霜使用的误区，这些错误甚至会让眼部老化更加厉害。

大力拉扯那不是按摩

眼部肌肤特别娇弱，碰触时需要非常的轻柔，而无名指是所有手指中力量最轻的。有些人习惯用食指或中指涂眼霜，它们的力道对于眼部皮肤仍然过重，容易使眼周长出皱纹。做眼周按摩一定要保持眼周肌肤是润滑滋润的。

眼霜面霜无分界

很多人涂面霜的时候并不在意，会把面霜涂在眼周，与眼霜叠加在一起。那就别再抱怨脂肪粒了，这种使用方法就是元凶。正确的做法是：以眼眶骨作为"眼部"和整个"脸部"的分界线，在"眼部"使用眼霜，在整个"脸部"使用面霜，切记两者不要重叠。

手背试用眼霜

眼部周围肌肤的厚度只是面部的三分之一，更不用说构造的不同了。如果用手试用，对于吸收度、滋润度等的感知一定是不准确的。最好直接试用在眼部，并且配合加强眼霜功能的按摩手法，过半个小时左右再看效果。当然，最好是能把试用装带回家，试用几天后再做决定。

超量使用眼霜超量使用眼霜

有调查显示37%的中国女性仍然存在过量使用眼霜问题。眼部皮肤极薄，用量太多不但不能吸收，还会造成负担，加速衰老。如果产品说明书上没有明确的要求，一般一颗大米粒大小的量就够了。

最烦成人还长"青春"痘

青春痘是全世界范围内最常见也是最恼人的皮肤问题之一——它绝不仅仅发生在青春期！很多人为了祛痘费尽心机，痘痘却总是很快卷土重来，甚至变得更加糟糕，满脸红红的痘印迟迟不退。大多数人此时会绝望地放弃治疗！好像无论你采取什么措施，青春痘总是"春风吹又生"。

不管年纪、性别、肤色或种族，造成青春痘的原因大多是相同的。所以如果想战胜青春痘，抗痘的基本功是必须要知道。想要战胜青春痘，抗痘的基本功必须了解。

关于青春痘，有四大问题必须破除，它们阻挡战痘之路，让油性皮肤的问题会更加糟糕。

青春痘不能被风干

问题一：青春痘可以风干

不是只有水可以被风干，青春痘和潮湿没有关系，皮肤细胞中含有水分，若将皮肤风干其实是在赶走细胞中的水分，一旦皮肤干涸了，细胞间质(皮肤的保护层)也将受损，毛孔里细菌的数目会增加，皮肤也会变得紧绷而脱皮，这样不但无法停止青春痘的产生，反而会造成另一种灾难，正确的是，油脂分泌会使青春痘恶化，因此必须控制油脂的分泌或吸收过多的油脂，而吸取过多的油脂和风干皮肤是两码子事，当青春痘被"风干"的时候，因为水分减少了，青春痘或许可以变得小一点，但是这样会延缓皮肤的愈合，并且造成干燥脱皮，脸色反而看起来更糟糕。只有水可以被风干，青春痘和皮肤是否潮湿没有关系。皮肤干燥会破坏皮肤中的保水剂，影响皮肤自愈和抵抗炎症的能力，有利细菌的繁殖。另外，吸去皮肤表面和毛孔内部的油脂和用刺激的成分"风干"皮肤完全是两回事。

青春痘需要全面治疗

问题二：青春痘只要治疗患处

水杨酸或过氧化苯(benzoyl peroxide)可以减轻青春痘的红肿，这些产品只用来治疗青春痘的患处绝对不是好的做法，大部分青春痘(化妆品或刺激性成分所引起的立即性青春痘则不在此列)的形成至少需要2~3周，也就是说必须经过一段时间的准备，青春痘才会在毛孔中形成，如果没有去掉青春痘形成的因素，光解决几颗青春痘只是掩耳盗铃，还是有很多的青春痘正在成长中。水杨酸或过氧化苯可以减轻青春痘的红肿，但这些产品并不治本。只治疗已经长出来的青春痘实际上是忽视了正在酝酿形成的青春痘。你可能已经想到，这样做等于跟在青春痘疲于奔命。只有那些偶尔或只在局部长痘的人才可以只治疗患处，如果青春痘很严重，且发生于面部任意部位，就不适合局部治疗了。

并非使用清凉感觉的产品就说明有效

问题三：清凉的感觉说明产品有效

酒精、薄荷、留兰香、桉树和柠檬会让皮肤感觉清凉收敛，因此出现在数不清的祛痘产品中，事实上没有任何研究证明这些成分对青春痘有效或有利于油性皮肤。它们会造成皮肤刺激，使青春痘恶化！刺激皮肤触发了毛孔底部的神经末梢，反而增加了油脂的分泌。

痘印要如何祛除

亲们有木有发现，长过痘痘的地方都会留下黑黑脏脏的颜色，黑色痘印一块块的，其实是由于痘痘发炎色素沉淀导致的，但是不要太紧张哦，黑色痘印会随着时间慢慢自行消失的。这是一种暂时性的假性疤痕，并不是真正的疤痕，所以不用担心。

祛除小妙招

想要祛除斑驳痘印，基础的护肤可少不了。尤其是这夏天，粗心一点就会让紫外线猖獗地刺激你的黑色素，痘印会更加明显！所以，无论晴天还是阴天都要格外注意防晒，防止黑色素沉淀才能够减轻痘印，防治甩不掉的痘印！

定期的去角质也是让肌肤"换血"的一大好方法，去除肌肤表层老化死皮，让多余黑色素出列，疏通毛孔

的同时，还能让肌肤自我修复、自我更新代谢水平提升了不止一个档次呢！

对症支招：集中使用美白精华

痘印和色斑一样，同属于黑色素沉积，但是痘印比色斑更加容易对付哦。如果在祛痘印的崎岖路上走捷径，不妨试试按时定量美白淡斑精华，点在痘印处，轻轻按摩，让精华深入皮层，就能瓦解黑色素、淡化痘印了！

斑点媚妹肌肤大拯救

粉底虽然勉强遮住，却还是无法自信面对TA。近距离的约会，还是害怕斑点会露出来，现在，麻雀点点脸别再躲躲藏藏了，跟着小编学习对抗斑点吧！

祛斑秘方一：将防晒进行到底

防晒是祛斑最重要的，也是防止斑点反弹的重要因素。秋季的阳光虽没有夏季那么"热烈"，但UVA的存在依然会令你"变色"哦！

特别注意：出门时，可别忘了抹防晒霜，选择SPF值为15的就可以了；另外，出门也带上防晒伞哦。

祛斑秘方二：定期去角质

秋天温度的降低，会让肌肤的新陈代谢变得缓慢，角质层也会变厚。虽然角质本是保护肌肤不受损伤的，可是角质层过厚，会大大减弱肌肤的通透性，并削弱肌肤对祛斑产品有效地成分的吸收。一周使用1～2次，使用时力度要轻，先把去角质霜轻抹在脸上，停留3分钟左右，再以打圈的方式，让死皮彻底剥落。

特别注意：选择性质温和的去角质霜，不伤肌肤的护肤品对祛斑的皮肤来讲是最为重要哦！

祛斑秘方三：水果养颜法

水果中橘子含有丰富的果酸、维他命和微量元素硒，其中维生素C的含量比梨子、苹果、桃子和葡萄都要高呢！它充足的营养成分能够帮助肌肤保持湿润，并抗氧化，促进胶原蛋白形成，增强弹性，还能起到"漂白剂"的作用，祛斑并抑制色素生成。爱美的MM，不要错过的养颜水果哦！

祛斑秘方四：心治克服焦躁的心理

女人追求完美肌肤的勇气和决心真是无可比拟。可一旦发现长了雀斑，就背上沉重的思想包袱，时常叹息甚至焦虑不安。殊不知，过于担忧的心理，会消耗掉体内有淡化斑点作用的维生素C，使斑点更为明显。

神奇面膜祛斑：神奇蒜头祛斑面膜

大蒜3瓣，绿豆粉3匙，纯净水100毫升。大蒜剥皮放入微波炉2分钟去味，再榨汁，然后与绿豆粉和纯净水搅拌均匀。涂面部15分钟后洗净。此法让肌肤充满光泽，更有神奇的瘦脸功能！

牛奶、豆腐淡斑面膜

将豆腐放在干净的碗里碾碎，然后倒入牛奶搅拌，用纱布将豆腐包起来，先用冰牛奶敷脸，然后把装在纱布中的豆腐按压在脸部。这款冰镇面膜不仅可以在日晒后镇静肌肤，还能使肌肤更加白皙，并起到淡化斑痕祛斑的作用哦！

抹掉眼周细纹干纹

专家说，女人在25岁以后会出现第一道眼部细纹，可是现在对着镜子看自己的眼部肌肤，竟然会发现纹路，不禁怀疑难道已经到了衰老的年龄?于是马上购买了眼霜，没想到眼纹没溜走，反而出现了脂肪粒…。

区分干纹和细纹

干纹

干纹是那种细细密密的小纹路，不笑的时候基本看不见，笑起来才会显现，越是干燥越是密集。那么我们

对待干纹，阻击手段就是保湿润泽。除了要注意不同季节使用不同的眼护品之外，最好每周坚持做两次眼膜护理。在干燥的环境中，一定要加强体内外水，实际上，干纹是非常容易消除的，只要注意滋润，补水就可以了。但如果你因此疏忽了它，放任自流，那么就非常有

可能渐渐转化成无法消除的皱纹。

细纹

细纹在医学上被归为皱纹一类，随着年龄的增长，细纹不可避免的会出现。如果不认真护理，细纹就会从刚开始的"暂时性"、"不确定"到"固定"成永久纹了。

如何消除眼部干纹

对待眼部干纹，击退手段首要保湿润泽。只要充分补充水分，干纹马上就能消失。除了早晚使用保湿眼霜外，一周两次的眼膜也是必须坚持的。在干燥的环境中，一定要加强补水，多食用苹果、黄瓜、蜜桃、蜂蜜等多水份而高营养的水果。其实，干纹是非常容易消除的，只要注意滋润，补水就可以了。但如果你因此疏忽了它，放任发展，那么就非常有可能渐渐转化成无法消除的皱纹。

如何缓解眼部细纹

当细纹出现时，眼部护理就不仅仅是补水就可以解决的了。更重要的是需要为眼部提升胶原蛋白合成更生及健康循环，支撑眼部肌肤。眼部皮肤如此纤薄，在选用护理产品时需谨慎。在细纹刚产生时，不用选择过于滋养的产品，避免脂肪粒产生。一般应选用不含油脂、含维生素E颗粒或天然植物精华萃取而成的眼部修护品。这样才能避免刺激眼部周围皮肤，防止水分流失，让肌肤在细心的呵护下，变得紧实而有弹性。

按摩改善眼部疲劳

护眼除了使用护理产品外，适度地按摩也可缓解眼部压力，让眼周围肌肤得到应有的缓解。尤其，办公室女性在工作时，每隔1～2个小时应将眼睛轻闭休息五分钟。也可用中指轻轻压在眼球上，沿着半球轮廓，轻柔按摩。

1.拍打眼袋：左手将食指横放眼袋上，用右手食指拍打它，从眼角开始直到眼尾处。每做完一次休息5～6秒，再做第二次。

2.轻按眼眶：用食指和中指轻按眼眶，由眼角按至眼尾后，再由眼尾按至眼角。可帮助眼周血液流畅地循环，舒缓眼部疲劳。

3.上拉眼皮：下颌内收些，将中指和无名指的指腹放在眉骨下，再迅速将眼皮往上拉。

4.波浪式按揉：闭眼，用四根手指按住眼睛，然后以波浪式按揉。以适度的力道按揉眼睛，可有效地解除眼睛疲劳。

5.螺旋按摩：双手握拳放置眉上，从眉头向眉毛末端进行螺旋按摩，按摩5次。

推荐产品：E兰蔻水份缘舒缓眼霜

推荐理由：在对于中国女性的研究过程中，首次发现中国女性最为关心的四大美丽困扰——外界压力、情绪波动、环境污染以及睡眠不足，深深的影响着她们的美丽容颜。LANCOME兰蔻水份缘舒缓眼霜，浮肿，眼部泛红现象。舒缓眼部肌肤，疲劳，令肌肤柔软舒适。保湿，令肌肤持久润泽，减少干纹。清透哩质地，晶莹水润，轻柔为双眸舒压解渴！

使用方法：每日早晚于美容液后，将3滴金纯润白精华露融合2滴金纯卓颜精华乳，涂抹于脸部、颈部和肩部，体验出色的奢华抗老美白效果。

指轻轻推匀。每次使用完毕都要以清水洗净沾棒。

推荐产品：雅诗兰黛即时修护眼部精华霜

推荐理由：提高皮肤抵抗老化的能力，最大限度改善皮肤老化状态，减轻和舒缓皮肤所受刺激，重建和加强皮肤表面的屏障功能，令肌肤更健康、更有弹性。每天持续使用，帮助肌肤不断修复日积月累的可见损伤，预防未来环境侵害，同时提供高度保湿。

使用方法：每天早晚使用。以特别设计的沾棒沾取数滴，分别施用于上眼皮、外眼角与下眼皮，再以无名

推荐产品：宠爱之名晶亮无痕生物纤维眼膜

推荐理由：宠爱之名晶亮无痕生物纤维眼膜，针对眼周肌肤所设计，强化眼周肌肤细胞、修护肌肤，改善干燥，恢复弹性。一周两次，轻轻一敷，立即改善眼部暗沉、细纹问题，恢复眼部肌肤平滑、柔细。

使用方法：眼膜共有三层，取出中间具弹性，呈透明状的生物纤维眼膜。将潮湿的一面(与无纺布贴合的一面)依弧度贴于眼睛下方。15-20分后，将眼膜取下，不需冲洗可进行一般之日常保养。

分分钟紧颜　巴掌脸不再是梦

来跟我们学学怎样打造小脸，瞬间变成V脸美人！

整体消肿，改善血液和淋巴循环，快速放水

血液和淋巴就像身体的国道和省道，睡眠时体温降低(刚睡醒时体温大约33℃)，两者循环双双变慢，多余的水分和杂质无法像醒着时"开机"状态那样畅通排出，

是造成刚起床脸浮肿的原因。热敷暖'肌'和穴道按摩能恢复血液循环速度，锁骨按摩畅通淋巴，养分和杂质交换的交通畅通了，浮肿自然消失！

血液和淋巴"动"起来，浮肿BYE!

1.毛巾热敷：热敷就像开车暖车一样，"暖"肌让循环回归正常速度。

2.脸部穴点按压：刺激正确穴位，改善局部脸部血液循环。

3.锁骨淋巴按摩：锁骨和后颈密布淋巴通道，此路一通多余水分和废物排出而不塞车。

4.晚餐清淡：吃太碱和睡前喝太多液体都会加重浮肿程度的。

脸部提拉，推出紧致锐利V型线

1.按摩塑型：从耳后的淋巴结开始，到下巴轮廓一气呵成，每天按摩促进排毒，并让肉肉不在下垂，推出上提曲线。

2.使用V脸精华：如果把脸比喻成操场，保养时往往只注重"内场"，忽略了"跑道区"的脸部。按摩前先使用V脸精华在全脸和V字脸廓，它的紧实功效能帮助此区更好。

3. V型推拿

从下巴顶端开始，用中指和无名指往上推到耳下，15次。

4.单侧加强

先用右手推左侧脸廓线，从下巴顶点推到耳后来回做15次后换手再继续反方向。

5. 拇指按压

下巴靠压在两手拇指上，按在脸的骨头下方，从下巴到耳下等距分出六个点，每点按10秒，做5次。

全面提拉，U型线+双下巴

从疏通耳后淋巴结开始，加上按摩下巴到耳后的轮廓线，帮助排除多余水分并带有拉提轮廓，正面和侧面看都完美！

1.解放双下巴

将下巴置于掌心，双掌打开握住颚部10秒，帮助减少下巴浮肿。

2.疏通耳后淋巴结，将手肘靠在膝盖，如图示大拇指在耳后夹住耳朵，四指贴于脸部，用大拇指用力按压耳后，每下5秒，做10次。

热敷-穴道-淋巴按摩，彻底KO浮肿

醒着时血液和淋巴的循环效率，多余水分和废物顺利被代谢出，就能甩开脸部"抛抛"感。

1.先热敷脸下半部

温度不用太烫，约42～43℃，毛巾对折让热气集中，敷在嘴巴和下巴处约20秒钟。

2.热敷全脸

毛巾两边往上折，只露出鼻子，热敷1分钟。

3. 按压颊车穴

颊车穴位于上下牙齿咬紧时的咬肌隆起处，用滚珠笔或徒手按压，每次按压5秒钟，反复10下。

4. 按压颧髎穴

穴位于颧骨下缘凹陷处，一样每次按压5秒重复10下。

5. 后颈按压

先用左掌按压后颈，头弯向左侧帮助施压。上、中、下3点，每下10秒，上下3回。再换右侧。

6.锁骨推压

左手扶右侧锁骨边缘，往中间锁骨凹处下推，推30次后方向。

7. 颈侧推流

从耳后出发，左手往锁骨边缘推移，右手往肩膀处，30次后换反方向。

你不知道的面膜6个使用禁区

天天敷面膜肌肤就能真的变好吗？你误解了，其实一些口口相传的面膜使用方法可能其实并不正确，长时间的使用甚至有可能导致肌肤越来越糟糕。

禁区一：面膜可不能天天敷

敷面膜相当于肌肤的一次营养大餐，虽然可以即时有效果，那是有时间的，原则上是不能天天敷的。如果每天使用清洁面膜，容易引起肌肤敏感红肿症状，令尚未成熟的角质失去抵御外来侵害的能力；滋润面膜如果每天使用则容易引起暗疮；但是补水面膜一般比较温和，因此可以在干燥的季节里每天使用。如果要长期连续使用面膜，建议一周两到三次即可。

禁区二：面膜不能敷的时间过于长久

大家通常会觉得一张面膜含有精华有很多，因此以为敷脸的时间越久效果就会越好。其实这种观点是错误的，一张面膜敷15～20分钟，足以让肌肤将面膜里所含的精华吸个够。超过这个时间，很有可能因为面膜变干，反而令肌肤的原有水分流失，而且过干的面膜撕下来还有可能会伤害到肌肤。

禁区三：面膜也要总更换哦

面膜的作用通常是针对肌肤的一个问题进行集中解决的护肤品，因此有的人觉得，将保湿、美白、祛痘的面膜混用可以同时改善肌肤问题。其实这是相当严重的错误想法。不同功效的面膜其营养成分，混淆使用是达不到理想的功效，而且用错面膜还会对肌肤造成激烈的刺激，毁伤肌肤。在选择面膜前，一定要分清功效以及成分，因为一些面膜里面含有的维生素C、甘草酸等美白成分是不能再白天使用的，会在紫外线的刺激下形成色斑等皮肤问题。果酸成分的频繁使用会刺激皮肤，使皮肤出现泛红、脱屑、发痒等问题。

禁区四：泡澡敷面膜效果会更好的

边泡澡边敷面膜当然是一种极致的SPA级享受，不仅省时间，还很惬意。但是，并不是所有面膜都适合在泡澡的时候使用。撕拉型的面膜不宜在泡澡的时候使用，因为水汽会招致面膜不随便与肌肤密合，假设是需要干透的面膜，水蒸气就会影响到面膜的效果。所以撕拉面膜就不可取。浴后是给肌肤补水的最佳时期，因此补水型的面膜最好是在浴后使用。浴后，肌肤会流失掉一部分水分，需要即时补水，而浴后，毛孔扩张，肌肤吸收水分的效果会更好。

禁区五：做面膜前一定要去角质

做面膜前去角质其实是一个相当好的护肤主意，因为肌肤去过角质后，可以提高肌肤在面膜中营养成分的吸收率。但是，并不是每次做面膜都必需要去角质。肌肤的角质层是皮肤天然的屏障，具有防止肌肤水分流失、中和酸碱度等作用，角质层的代谢周期为28天，即每28天角质层代谢一些枯死的细胞，因此去角质最多一周做一次，过于频繁地去角质，会损伤角质层，降低肌肤抵御外界刺激的能力。此外，敏感型的肌肤更不用频繁去角质。

禁区六：只钟爱撕拉型面膜

撕拉式面膜有很好的深层清洁效果，能够让脸部变得干爽，而且效果瞬间即现。但是，因为其撕拉式的设计，在揭除面膜时候会对肌肤造成一定的伤害。长期的使用还会导致毛孔粗大、肌肤过敏，严重的甚至会导致肌肤松弛，提前老化等。因此不建议经常使用，每周使用一次就可以。特别是油性肌肤的人，在用完撕拉式面

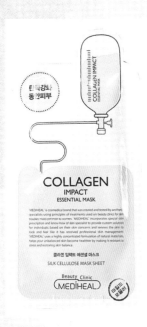

膜后一定要涂抹修护型护肤品滋养肌肤。

推荐产品

活肤补湿紧肤面膜

推荐理由：为您燥热的肌肤推荐一款能注入密集水分和营养物质的活肤补湿紧肤面膜，您的肌肤会体验到专业SPA护理相媲美的惊人紧致的效果！这款见效极快的保湿面膜专为干燥、缺水的肌肤打造，深层补水，并提供必需营养物质，有助于舒缓荷尔蒙失调或环境因素引起的肌肤泛红和微压力。它能满足肌肤需要的保湿、舒缓和镇静效果，令肌肤立体感舒适。

推荐产品

清润保湿水感面膜

推荐理由：以镇静肌肤和保湿而闻名的矿泉能量：拥有超乎想象的纯净。它天然富含矿物质，可以激发肌肤活性来增强肌肤保障，以达到理想的保湿状态。效果立即，缺水肌肤感觉不再紧绷，更柔软有弹性。弹性水润看上去更平滑！肌肤更显光泽，看起来更水润健康，水般剔透。

推荐产品

绿茶清盈祛痘面膜

推荐理由：温和的配方清爽滋润，适合油性肌肤，能净化肌肤，祛除过盛的油脂，消除满脸油光、多痘热火等现象。维护肌肤天然的PH值，有效去除老化角质层。淡化因不当挤按粉刺而给肌肤留下的凹凸痕迹，让肌肤细胞自然呼吸，清爽中恢复靓丽的底色。

推荐产品

白玲珑净化瞬采面膜

推荐理由：一步达到净化、美白效果，肌肤瞬间柔滑、白皙、剔透，毛孔更紧致！磨砂美白二合一面膜，深度清洁同时净化肌肤。蕴含高磷土，迅速舒缓肌肤，吸附毛孔中的脏东西；清洗时，面膜中的磨砂微粒发挥作用，将老化角质和死皮轻柔去除。配合高效美白成分牡丹皮提取液和红茶菌，肌肤立刻呈现由内而外的匀净透白。

面部分区使用面膜　让滋润更有针对性

一般来讲，T区和脸两颊的肤质不同，如果在敷面膜的时候选择分区的设计，可以让护理更有针对性。T区部分选在控油清洁力为主的，两颊则选择补水舒缓。下面我们就分析下针对性分区面膜，让你可以针对护理，明媚自己的肌肤心情。

推荐产品

唇部护唇膜

推荐理由：上、下唇的贴布型唇部(周)面膜，可延伸敷至法令纹和两边嘴角的大小纹，赋予唇周紧实及改善血行的冷却效果，银杏叶萃取物改善血液循环，橄榄萃取物抑制皮肤老化，使唇周明亮有弹性。

推荐产品

护理眼唇膜

推荐理由：特别针对面部皮肤最脆弱最容易长皱纹的地方设计的，防止皱纹的资生，保湿皮肤的弹力面贴膜，质地为100%的纯棉成分，让法令纹通通消失掉，充分补充水分，提拉紧致度。

推荐产品

T区毛孔细致面膜

推荐理由：用感清凉，特别为夏天容易面泛油光的T字位补充水分，改善外油内干的问题，令肌肤回复清爽、水油平衡。抗氧化保护肌肤、补湿及紧致毛孔、让毛孔回复细致。

推荐产品

紧致鼻贴

推荐理由：鼻贴可以将鼻膜内含有的有效成分通过人体的微循环充分渗透，在极短的时间内，达到补充的营养，从而达到去除黑头，疏通、缩小毛孔的最佳功效。

推荐产品

舒缓眼膜

推荐理由：卓效改善薄弱眼周肌肤，减少细纹，幼纹。减少眼部的刺激，滋养并舒缓疲累的眼周肌肤。轻敷10分钟，令双眸回复神采。还可以在飞行途中使用。

推荐产品

立体紧致美颜面膜

推荐理由：立体紧致美颜面膜，清新动人，强力塑形，并能够再塑面部线条。同使它能够帮助调整脸部体积及组织，直至理想状。每一次使用，面部轮廓都不断精炼。

推荐产品

活肤紧颜双面膜

推荐理由：全新升级的活肤紧颜双面膜针对这三个关键区域，采用突破性独特3D立体设计，紧贴面部轮廓，将上下两片面膜中的美肤成分深入并送至肌肤底层，从而有效地改善面部松弛，提高下颚线条，令肌肤饱满而富有弹性。

肌肤"空调病"

夏季高温酷暑难耐，难免整日待在空调房里度过清凉一夏。可是，在你享受凉爽夏日的时候，是否也为你的肌肤着想过，或许它正面临着罹患"空调病"的危险。多种长吹空调导致的肌肤亚健康症状，多种不同的解决之道来为你的肌肤排忧解难，在凉爽中养出健康好肌肤。

症状一：干燥缺水

空调风具有抽湿的作用，所以空调房里通常比较干燥，而皮肤长时间处于一种缺水的饥渴状态，这是皮肤患上"空调病"的最常见，也是最轻的症状。但是别小看这种干燥，这样的皮肤很容易出现细纹、干纹以及出油的状况，长此以往，各种皮肤问题就会接踵而至，恶性循环。

解决对策：及时补水、注重保湿

如果长时间待在空调开启的环境下，并感觉皮肤干燥，就要开始注意随时补充水份。随身携带一瓶保湿补水的喷雾，或是在闲暇时做一个补水面膜，都是缓解干燥，预防缺水的好窍门。当然，在每晚的保养步骤中，要多多注重保湿环节，使用具有高保湿功效的面霜，多做保湿补水的面膜，这样才能保持时刻水嫩的肌肤也要记着多喝水哦。

推荐产品

舒缓喷雾

推荐理由：能舒缓敏感肌肤，瞬间帮助改善干燥，快速补充肌肤水分。也可用作最后的定妆，使妆面更加

持久。

推荐产品

保湿面膜

推荐理由：保湿补水成分，瞬间补充肌肤水分，抚平干燥感，抗氧化成分，提亮肌肤肤色，去除疲倦倦容。

症状二：毛孔呼吸不畅

夏天气温比较高，人体会大量出油出汗，而这种自然的新陈代谢其实有助于疏通毛孔，保持皮肤的呼吸顺畅。但是，长时间待在空调环境中，我们很少出汗，再加上彩妆、灰尘等等外界的杂质侵入毛孔，很容易造成毛孔的堵塞。久而久之，皮肤上就会出现很多小小的凸起，甚至引发痘痘。这都是毛孔堵塞造成的严重后果。

解决对策：及时清洁、适当排汗

在这种情况下，我们就需要积极清洁，帮助它呼吸。每天要认真卸妆、洗脸，并备好一款适合自己的清洁面膜，定期对皮肤做清洁。需要注意的是，在清洁面膜过后不要忘了马上给皮肤补水。因为在清洁皮肤后，毛孔打开，如果不马上补水就会造成皮肤快速干燥。

另外，在一定的排汗量对我们的身体和皮肤很有益处。所以，白天上班没机会出汗的人不妨另找时间去做些运动，帮助身体和皮肤排汗。这不仅能使毛孔顺畅呼吸，还能使血液流通，让肤色更加红润健康。

推荐产品

泡沫洁面

推荐理由：轻柔丰富的泡沫质地，瞬间清洁肌肤。用于润湿的脸部，加以按摩更加洁净，然后以温水洗净。

推荐产品

深层清洁面膜

推荐理由：能深入清洁肌肤，轻柔地去除死皮，改善粗糙的肤质，同时收紧毛孔，软化肌肤表层，激发细胞再生长。适合油性肌肤及混合性肌肤使用，尤其是易长豆豆的皮肤。它性质轻柔，乳白色的土质配方有效把毛孔内的污垢清除，深入清洁皮肤，平衡油脂分泌，用后皮肤有焕然一新的感觉。能够加强肌肤对护肤品养分的吸收，并含有能提高肌肤滋润度，任何皮肤使用多次，能有效地激发新陈代谢，使肌肤柔软润滑，呈现全新健康光泽！

症状三：异常敏感

干燥的皮肤很容易变得异常敏感，尤其对于本就是敏感肌肤的人，一点小刺激就会变红甚至产生红血丝或过敏反应，严重的还有可能产生炎症等症状。

解决对策：使用温和舒缓的护肤品

如果感觉皮肤变得敏感发红，使用低刺激性、专门针对敏感肌肤的护肤品。防止皮肤受到过多刺激而变得更加敏感。

推荐产品

特润保湿修护霜

推荐理由：舒缓、保湿，缓解皮肤不适现象；含白凡士林和植物性角鲨烷，有效修复水脂膜，重建皮肤保护屏障。

推荐产品

密集保湿面膜

推荐理由：富含理肤泉温泉水和滋润因子高效补水、持久补充并锁住肌肤水分；智慧补水科技：Polyglyceryl Methacrylate(甲基丙烯多聚甘油）形成强化保湿连网。

肌肤自检早衰现象 及时护理回升肌肤

地球不断恶化的环境，我们的肌肤很容易陷入早衰的境地，在本不属于我们的年龄里出现下垂、眼袋、斑点、皱纹等状况。面对这些问题不必惊慌，及时护理，就能有明显的回升，另外保持轻松的心态也很重要。

一、肌肤下垂

肌肤下垂是衰老症状较明显的，颧骨部位的肌肤松弛下垂，双下巴等都是属于肌肤下垂的状态，这样的肌肤状况会让人看起来很不精神，缺乏气色，有一种提前进入中年的感觉。

面部肌肤下垂的状况，必须要克服重力把肌肤向上"拉"起来。另外注意保养的人总是比不注意保养的人显得年轻很多，如果我们能一回到家就卸妆并开始保养，一个月后就会有明显发现松垮的脸便会提拉很多。即使生活不够规律，但也要尽早清洁肌肤，让肌肤更快地进入自我修复的状态。

推荐产品

完美紧致面部精华液

推荐理由： 受美容拉皮手术中3个关键步骤的启发：高效重塑、紧实、提拉肌肤，含两倍Slim Profile纤瘦复合物，加强重塑脸部轮廓。

二、深眼袋

眼睛是心灵的窗户，也是最能出卖你年龄的肌肤。缺少保养，不正常的作息习惯都是导致眼袋出现、眼周早衰的原因。要想去掉眼袋，日常保养很关键，正确地使用眼霜，用双手的食指、中指和无名指，在下眼睑处轻快地"弹钢琴"式涂抹，能促进眼周血液循环，排除废水，消肿去眼袋。定期做一次眼膜，能给眼周肌肤深

层的营养补给。化眼妆的女性，眼妆一定要卸除彻底，残留的眼妆不仅容易堵塞毛孔，还会让眼部保养品变成肌肤负担，加重"眼袋"。当然，可以的话，一定要养成健康的作息习惯，这不仅是对肌肤来说，对健康也是同样重要。

推荐产品

修护眼部密集精华露

推荐理由： 浓缩、瞬透，升级修护臭氧损伤；即时触发多重修护！疲惫神色一抹褪去，双眸无惧汹涌的环境污染与持续的时光侵袭；——抚褪眼部时光印记，改善黑眼圈、细纹、皱纹、干燥、肤色不匀等。双眸柔嫩、紧致、莹亮，神采纯澈依然。

三、斑点

娃娃肌肤一直是我们女人所追求的，而斑点就是那个最令人厌烦的瑕疵。人到了一定年龄，肌肤抵抗力变差，更容易被光侵害。紫外线激活黑色素，然后局部沉淀就形成了斑。缺少防晒意识就是造成很多熟女满脸瑕疵的主要原因。

这时候，给肌肤全面防晒就成了重点。选择防晒品时候只有SPF是远远不够的，应该加上UVA的防衰老指数PA。PA的程度是以+、++、+++三种强度来标示，"+"越多，防止UVA的效果就越好。以东方人的肤质来说，日常的防护选择SPF10-SPF15、PA+的防晒产品已经足够。外出逛街、野外游玩，可以选择SPF30、PA+++的防晒产品。而海滨游泳时最好选择SPF50、PA++++并且有防水功能的防晒护肤品。

珍珠肌透白肤色修正底液（珠光白）SPF30/PA+++

推荐理由：令肌肤如同珍珠般浮现流动的光润美感，仿佛一缕沁人肺腑的清新气息，肤色修正底液略泛熠动的珠粉色，修饰美化暗斑，提亮肤色，为您带来自然通透的明媚气色。您的美肌受到完美的防护，沐浴在阳光之下，尽情释放出无尽的动感活力。

四、皱纹

说到面部肌肤最容易告诉你老了的标志，毫无疑问那就是皱纹。光滑紧致的肌肤是年轻的标志，而满脸皱纹正是变老的特征。如果不服老，那么抗老必须要趁早。一笑就起皱纹，让别人尴尬，也让自己尴尬。

肌肤变干燥，是老化的开始，一旦保湿度不足，随之而来的就是粗糙、皱纹等更严重的问题。因此，抗老首先就要给肌肤积极补水，水润度要给足，基底细胞的活跃程度也会大大提升，整个人的肤质也会水嫩起来；其次，选择抗氧化、抗衰老的保养品，面霜、精华都可以齐齐上阵。同时，要格外注重夜晚睡眠时的肌肤保养，抓住肌肤自我修复的黄金时间，才能让逆龄成功。

保湿精华液

推荐理由：即使身处严峻气候的环境，密集式补水护理亦能为极度干燥缺水的肌肤带来年轻活力。活化肌肤的Omega3与卡塔芙树皮萃取能锁住肌肤珍贵水分，重现舒适、柔软和年轻的肤质。苜蓿萃取可抚平早现的皱纹。

打造阳光下的娃娃肌

对策一、使用有去除角质功效的化妆水

当感到肌肤有些粗糙时，建议在洗脸后进行保湿护理，使用带有去角质功能的化妆水。而对于自己已有的斑点和痘印，千万不要常常去触碰，因为过度地刺激肌肤很容易引起色素沉积，令美白的效果事倍功半。在使用去角质功效的化妆水时，建议配合化妆棉使用，这样能使化妆水涂抹均匀，更能渗透进肌肤底层深处。

调理。蕴含具有强大生命力的杜氏盐藻发酵成分，为肌肤供给能量，并加快角质更新。而凤眼兰萃取物在重金属，废气等有害物质中精华肌肤，帮助保持润泽，透明的肌肤。含有帮助调理角质及缔造透明肤质的维生素B3与防止肌肤损伤的草棉提取物，令泛油光而暗沉的肌肤回复清透健康

活肌细肤水

推荐理由：调理毛孔中的废弃物与老化角质，通过肌肤净化作用，缔造清透肌肤，具有清爽使用感的水分

雪晶灵极致透白去角质化妆水

推荐理由：使用双重因素作用科技，减少黑色素产生的同时移除肌肤细胞里已经产生的黑色素。显著淡化黯沉，肌肤透射无瑕光芒。这款柔软似雪的 喱是美白

系列的创新产品，轻柔去除死皮细胞及老化角质，让肌肤绽放自然粉嫩光采。瞬间免洗型洁肤产品，能温和去除角质，恢复肌肤活力，瞬间细致肌肤、提亮肤色。显著纯净肌肤，改善肤质，使其倍感明亮清新，为下一步美白程序做准备。

对策二、用整系列的美白产品

　　说到美白产品，精华当然是功效最佳的产品，很多人认为在美白的环节里只要使用美白精华就够了。实际上，要想美白，要使用成套的美白产品，从洗面到保湿化妆水，直至去角质、按摩提高代谢水平等各美容环节都用一个系列，不仅会起到不同巩固的效果，有时候其中的成分也会共同作用，让效果更佳。

推荐产品

精研祛斑精华

　　推荐理由：全新精研祛斑精华液能够有效对抗的不仅是已经存在的色斑，还有"隐斑"，因而能够防止未来色斑的形成。临床研究结果显示，"隐斑"和可见色斑在短短4周内都明显减少。

推荐产品

美白洁肤乳

　　推荐理由：珍珠白乳霜质地，遇水轻轻搓揉后，可产生丰富细致的泡沫，可完全清洁肌肤，使肌肤更明亮。

对策三、淋巴按摩，促进循环

　　从颧骨高处到眼窝周围等面部的高光部位是美白保湿的重中之重，为了提高光的效果，可以以眼部为中心，涂抹美白产品后进行淋巴按摩，促进内部循环，提高美白产品的渗透力，让美白效果事半功倍。

推荐产品

亮妍美白精华液

　　推荐理由：高度浓缩，清爽凝胶质地配方，能有效均匀和明亮肤色，淡化原有色斑，重现肌肤自然净白的光彩。维他命C、甘草精华、葡萄糖胺有效抑制黑色素生成，阻断黑色素沉淀，并减少色块和斑点的产生。独特的绿竹精华专利配方，能提供最先进完善的抗氧化功效，避免肌肤受到来自环境的侵害而导致的提早老化。同时也能使肌肤持续保持在最佳的健康高峰，呈现前所未有的清澈，无瑕，嫩白的光彩。

推荐产品

纯白爽润乳液

　　推荐理由：清爽的触感，轻柔的滋润效果，使肌肤呈现透明感的美白乳液。抑制黑色素的生成，防止由日晒引起的色斑。清爽水润的使用感，保持肌肤水润，使肌肤呈现透明质感。严格选取优质而地刺激的原料，不给肌肤添加任何负担。

水油双重进补　夏日美肤养成记

当肌肤达到水油平衡的状态，就会呈现出光泽感而不显油腻。对于任何一种肤质来说，补水和补油都同样重要。所以，当我们明白认识这点，肌肤的护理就会更加行之有效。

一、肌肤水油失衡

当肌肤水油失衡时，就会造成不同类型的肌肤缺水问题。油性肌肤缺水，主要是肌肤底层缺乏水分，因此要在控油的同时，给肌肤做深层的补水护理工作，高效补水面膜、保湿精华都是可以达到深层补水功效的；干性皮肤缺水，主要是因为肌肤缺乏油分来锁住水分。因此，这个时候的保湿工作不在补水，而是补油，选用含有油分的面霜、一些保湿护理油都是行之有效的方法。

二、干燥环境所致

经常呆在空调房，或是在户外接受暴晒，肌肤的水分就会被紫外线、辐射等因素带走，变得异常干燥。因此，常常处于这种环境下的人，就需要随时随地地进行补水工作。一瓶高效的补水保湿喷雾就是这类人的不二选择。

三、忽略补油而干燥

夏天由于炎热出汗所带来的油腻感，让很多人会容易忽略滋润补油而导致肌肤干燥。油脂有很强的锁水性，如果缺少了这一层保护膜，水分很快就会被空气给蒸发掉，尤其对于干性肌肤的人来说。因此，最好选择一款既能补水又能补油的双重质地的保湿产品。

推荐产品

修复瞬间保湿露

推荐理由：专为缺水性肌肤提供有效锁紧水分作用的保湿露。密集保湿面膜含天然分子、天然米萃取与天然芝麻萃取等植物精粹，能够大幅度改善肌肤表层的含水量，提供卓效持久的保湿效果，呈现肌肤的光泽与清爽。

推荐产品

益肌焕颜修护精华露

推荐理由：恢复肌肤自然光泽；减少日光损伤，细纹和皱纹；减少肌肤干燥紧绷；改善和恢复肌色和纹理；显著减少色斑；深层保湿，易吸收。

推荐产品

红萃光采嫩肤精华油

推荐理由：顶级乳霜般的SPA级精油护理柔嫩，最自然的感官体验，柔嫩、滋养、焕活肌肤。10款植物精萃，首款蕴含100%珍贵红色植物油的保养产品，给予肌肤最适度的均衡营养。

3个护理技巧 夏季赶走油光满面

油性肌肤的女性在夏天格外苦恼，由于皮脂腺分泌旺盛，整张脸看起来不够清爽洁净，妆容也非常容易显得斑驳。日常护肤中多注意，变清爽美肌就指日可待了。

一、适度清洁

油性肌肤为什么会油？是因为肌肤深度缺水，导致油脂分泌泛滥。因此清洁不可过度，过分地清洁掉油脂，反而会形成越来越油的恶性循环。而卸妆时，最好选择含有绿茶、白茶或是海藻成分的油性卸妆品，以油洗油才有效，而眼唇则一定要选择专门的眼唇卸妆产品。凝胶型的洁肤产品是好选择，可以含有少量水杨酸或酒精成分。另外，含有天然薰衣草、天竺葵或是茶树精油成分的洁面皂也非常适合油性肌肤。

推荐产品

绿茶润肤洁颜油

推荐理由： 轻松完成卸妆，彻底卸除防水彩妆与污垢，肌肤维持水油均衡。在彻底清洁的同时能洗去黯淡黄气，使疲惫老化的肌肤重获新生、焕发青春光采。

推荐产品

清痘净肤舒缓洁面啫喱

推荐理由： 啫喱质地，不含皂质，有效打开阻塞毛孔，减少油脂分泌，抑制 不洁物滋生，pH值5.5，清理皮层的同时避免痘痘不适，贴合皮肤酸碱度，敏 感皮肤亦可安心使用。

二、清爽补水

深层的清爽补水是改善油性肌肤的关键。早晚用清爽无油成分的爽肤水敷面膜，可选择具有收敛和抗炎效果，含有适量地水杨酸或是酒精成分的爽肤水。天然成分，最好选择含有海藻或是茶树精油成分的。

推荐产品

净颜洁肤水

推荐理由： 清除死皮细胞，打开阻塞毛孔，舒缓痘痘产生的刺激，减褪发红迹象。

推荐产品

深层修护平衡爽肤水

推荐理由： 不含酒精成分的平衡爽肤水。内含的活细胞精华能够活化滋养肌肤，维持肌肤的PH值；丹宁酸复合物能帮助老化角质细胞脱落，重建肌肤光彩；海藻精华和薰衣草精华，能有效舒缓肌肤，并帮助肌肤锁住水分。

三、掌根轻压淋巴按摩

油性肌肤因为油脂分泌旺盛，且毛孔粗大，因此很容易附着污物和积聚自己的代谢废物，因此，经常性地给肌肤做按摩能帮助肌肤代谢，并排出废物。在进行轻柔流畅的淋巴按摩时，选择含有天竺葵精油成分的精华或无油的清爽乳液，能加快代谢，使按摩效果。

推荐产品

极致之美修护菁华乳液

推荐理由： 蕴含双倍BIO～SAP植物精华微囊的精纯乳液，融入极致生命精华，全速深化抗御5大肌肤老化现象。数天后，五大肌肤老化现象即能感觉明显改善，让

肌肤宛如新生，重现青春肌肤所特有的平滑、紧实、光彩、匀净、润泽。独特的质地，接触肌肤后立刻转化为非常易于吸收的液体形式，令其所蕴涵的精华成分能够通过充分润泽的肌肤更为深入作用，进一步强化其抗御肌肤老化的卓越功效。

推荐产品

肌肤之钥奢雅极美容霜

推荐理由：被日本杂志称为"激荡业界"的天价面霜，大量奢侈地使用了资生堂引以为豪的有效成分"淋巴排毒"为诉求，对各种肌肤问题有全方位的改良效果。

长了脂肪粒，怎么办？

脂肪粒是一种长在皮肤上的白色小疙瘩，沙粒般大小，看起来像是一小颗白芝麻，一般发生在面部，特别是女性的眼睛周围。

一直以来，专业的美容、护肤、时尚类的杂志都告诉我们，脂肪粒是因为眼部产品选择不当，使用后造成营养堆积，加上眼部血液循环流畅而形成。但很多人即使不用任何眼霜，脂肪粒也依旧附着在眼睛周围。其实脂肪粒还有一种起因是皮肤上有小伤口，而在皮肤自行修补的过程中，生成了白色小囊肿。所以，脂肪粒也常常发生于什么都不擦的年轻女性或小朋友身上。

皮肤过于干燥，或是使用了磨砂膏、去角质产品等都容易造成皮肤上的微小伤口。要注意的是，眼部皮肤不能进行磨砂，以免砂粒损伤柔软的皮肤，使之更容易衰老。

一般出现油脂粒主要有以下两方面的因素：1、体内因素：脸上出现油脂粒很可能是因为近期内身体内分泌有些失调，致使面部油脂分泌过多，同时皮肤又没有彻底地清洁干净，导致毛孔阻塞，就会出现一颗颗小的油脂粒。2、外在因素：另外一个原因可能就是使用的护肤品过于油腻，这也是比较常见的原因。

有些朋友为了不让脸部过干或出现眼角皱纹，使用了过于油腻的护肤品，导致皮肤不能充分地完全吸收涂抹的油分，一段时间过后就会在面部形成油脂粒。对于这种皮肤现象，首先不要有过重的心理负担，因为只要处理方法得当，是不会对皮肤有太大的影响的。注意不要用手去用力挤压，最主要的还是需要使用药物治疗，如果情况实在是很严重的，建议也可以到美容院进行挑除的。

另外在日常保养方面，一定不要使用过油的保养品及眼部护理品，饮食上要少吃油腻食品，多喝清水，多吃青菜，并让皮肤正常、通畅地呼吸。

脂肪粒的去除

不少人将自己眼周长脂肪粒的原因怪罪于眼霜，这是非常错误的。那到底什么是脂肪粒呢？怎样才能去除和预防呢？

脂肪粒的产生可能和使用太过滋养的护肤品有关。也可能因为皮肤上有微小伤口，而在皮肤自行修复的过程中，生成了一个白色小囊肿。或者可能是由于皮脂被角质所覆盖，不能正常排至表皮，从而堆积与皮肤内形成的白色颗粒。

脂肪粒的去除

1.用针挑

一般不是很严重可以用针挑，等脂肪粒变白色或显淡黄色就可以挑。

拿一根绣花针，用酒精消毒。

慢慢的小心的把里面的白色的浓粒挑出来。

用棉签沾点酒精在伤口处消毒。

涂点消炎药膏，然后用创口贴贴上，一天后就可以取了，切记一天换两次，不要沾水。

注意：如果严重去挑的话，会很痛而且又会长出来的，注意不要用手去用力挤压，建议到美容院进行挑除的。

2.维生素E

每晚清洁后用维生素E油在脂肪粒上涂抹均匀，大约两周时间脂肪粒就会干掉，这时很容易就可以剥落了。

脂肪粒的预防

要消除脂肪粒，平时应该注意眼部的清洁，适当增加去角质的次数，以保证皮肤正常的排泄和吸收。如果既有黑眼圈和眼袋，又有脂肪粒，所以建议使用成分中有绿茶精华，透明质酸的眼部嘟喱产品。它可以防止眼部油脂粒的形成。

具体做法是：

1.卸妆及清洁完眼部后，用敷眼棉沾湿敷眼约10分钟。

2.用无名指蘸取适量的眼部嘟喱，沿眼部肌肉文理轻轻按摩，以指尖围绕眼周轻轻弹按直至完全吸收。

在按摩过程中精油可以加速眼部血液循环，刺激皮脂腺分泌，改善黑眼圈、眼袋，使眼部肌肤始终处于保湿的状态。法国依纯眼部精油就具有消除眼圈、皱纹、眼袋的功效，并同时补充水分的美容功效。

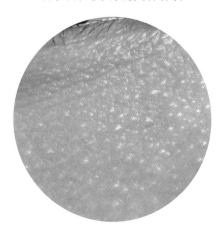

解决眼部浮肿尴尬

睡眠不足、过于疲劳、年龄增长、睡前喝水过多、眼部卸妆不够等都会导致眼部浮肿问题得出现，眼部浮肿会让眼睛看起来变小，影响视觉效果，单眼的女生那就更尴尬。按照下面方法即可有效地消除浮肿眼。

眼部浮肿日常急救小妙招

1. 睡前认真清洁眼圈。

2. 可用有轻微紧肤性质的冷藏小黄瓜，切片敷在眼皮上休息十分钟。

3. 用几个枕头采取高枕高睡法会自然消肿。

4. 削成薄片的生薯或压成茸敷眼15分钟也是消肿的有效方法。

5. 一杯苦咖啡：很多模特都喜欢在清晨用这个方法急救泡泡眼，其原理是咖啡可促进体内水分的排出，但这种方法不太健康，只可在紧要关头偶一为之。

6. 24小时按摩：经常运动眼周肌肉，是预防眼部浮肿的长效良方。教你一个最简单的方法：闭上眼睛，用手去感觉眼窝边缘的骨骼，然后用中指由眼窝外沿向内轻轻打圈，至眉头及鼻梁处稍微加压。

7. 冷藏青豆：一小包冷藏的青豆可令膨胀的血管收缩，减轻眼肿情况。

8. 冷冻眼霜：将　喱眼霜放进雪柜冷冻，然后取出涂用，能有效消肿，有镇静肌肤的作用。

推荐：眼部舒缓按摩

1、将双张搓热，然后把掌心轻敷于双眼上，数到10即可。

2、用食指、中指和无名指轻轻点下眼睑，舒缓眼部肌肤。

消除眼睛浮肿的按摩方法

1. 用拇指和食指按住眉毛，然后从眉头到眉尾做来回5到6次的按摩。

2. 用手指的小肚儿从鼻翼到鼻梁，再从眉头到眉尾来回做5到6次的按摩。

3. 用拇指以外的四根手指的小肚儿同样来回5到6次在眼窝处做按摩，有利于血液循环和达到放松的效果。

4招教你hold住它

现在越来越多的人因为各种原因需要加班熬夜，加班晚睡导致眼睛浮肿。晚睡使人体新陈代谢功能缓慢，同时在睡觉前由于加班需补充体力，而过多食用含有盐分的食物以及大量饮用水，使得面部积聚大量的水分，早上起床眼睛浮肿在所难免了！那么，眼睛浮肿需要怎样消除呢？

茶包按摩眼睛

据分析，茶叶中含有300多种化学成分，如蛋白质、脂肪、氨基酸、碳水化合物、维生素和茶多酚、茶素、芳香油、脂多糖等等，就都是人体不可缺少和各具功效的重要营养及药用物质。这中间的有些成分，实际是一个大类，如茶多酚，就包括有30多种的酚类物质；维生素，又可具体分为维生素和肌醇等10多种成分。至于茶在防病和治病方面的作用，我国古书中就有很多记载，也为现在国内外医药界所肯定。茶叶可以去黑眼圈和眼睛浮肿，让疲劳的眼睛得到缓解。

方法：将喝过的茶包趁温热时拎出，敷在眼部15分钟。然后涂上眼霜，从眼角向眼尾方向稍稍按摩，可消除眼部浮肿。

菊花汁敷眼

《神农本草经》认为，白菊花茶能"主诸风头眩、肿痛、目欲脱、皮肤死肌、恶风湿痹，久服利气，轻身耐劳延年。"在这我们特别要提到的是黄山贡菊，它生长在高山云雾之中，采黄山之灵气，汲皖南山水之精华，它的无污染性对现代人来说，具有更高的饮用价值。

方法：用化妆棉浸湿菊花汁敷在眼睛周围，可以缓解眼睛浮肿。平时也可以多泡菊花茶来喝，对于治疗眼睛疲劳、视力模糊有很好的疗效。如果每天喝三到四杯的菊花茶，对恢复视力很有帮助。

用冰盐水敷眼

将经过冷藏的盐水取出，用化妆绵充分蘸取。然后敷于双眼上。冰盐水有极佳的收缩作用，使眼部浮肿减轻。

小黄瓜眼膜

黄瓜的美容功效毋庸质疑，把它放在眼袋的部位，可以减轻黑眼圈的症状，还有效消除眼睛浮肿。不过千万记住，敷完小黄瓜眼膜的皮肤干净细薄，容易晒伤，所以要躲避阳光，以免消除了眼袋却多了雀斑。

方法：前天晚上就要准备好小黄瓜，把它放在冰箱里。第二天早上将冷藏小黄瓜取出来，并切成很薄的小片，把它敷在敷在眼皮上10分钟再取下来就可以啦！

小脸美人有巧招　消除浮肿做美女

早上起来脸有些浮肿，脸型似乎也比昨晚胖了一圈，惊呼之中你发现并没有吃太多食物或水。那么，这面部的虚胖是哪里来的？其实这是浮肿惹的祸。无需担忧，为你支招5个妙方，远离清晨脸部浮肿困扰。

预防浮肿法：

1. 少吃重口味食物

饮食和浮肿密切相关，今天吃了什么，马上会表现在明天的身体上。所以要吃少盐、味道清淡的食物。

2. 多吃排水食物

红豆、薏仁、黄瓜、西瓜等都是不错的排水食材，虽然不能马上就见效，但只要坚持一定能看到效果。

3. 勤泡澡

将全身浸泡在温水里，利用水温提高身休的新陈代谢、促进血液循环，就能将多余的水分和废物从体内扫光光。

4. 坚持运动

坚持运动的MM，气色、体态或是健康状态都会比一般人好很多，脸部也不易浮肿。期中有氧运动、伸展体操效果最好。

5. 按摩消肿

特别推荐：消除眼周浮肿的方法

方法：用指腹从嘴角开始往斜上方一直按压到颧骨为止。再手握拳头，利用指关节沿着颧骨往耳旁按压，反复3次，可快速消除眼部浮肿。

美女化妆　画眉最重要

"芙蓉如面柳如眉"，文人墨客们描写女性爱美总也离不开眉毛，并且认为柳叶眉是最美的。不过柳叶眉也分粗细、长短、浓淡之分。过粗或过细，都会破坏女性的灵秀感，必须进行装饰。如果两弯柳眉整齐细长、浓淡适中，色泽也好，犹如"一弯新月"，这正是最标致的自然美的眉毛。化淡妆时，无须画眉，更不必拔剃。倘若眉毛稀疏不匀、粗而杂乱，则要进行一番修饰和整理。修饰可结合自己的脸型、鼻型及双眼确定眉型。

两眼灵活、脸盘稍大、修长活泼的女性，可采用稍浓粗线条的蛾毛眉型。若本身眉毛已很浓密，只需在眉毛下方稍加修拔，但切忌从上方修拔，以免破坏了眉毛的自然生长方式。

五官小巧、瓜子脸型、身材适中的女性，必须配以柔和的眉型。采用平圆弧度、眉头稍粗黑，然后逐渐的细淡，给人一种娇媚的感觉。并结合自己的头发色泽，一般以浅棕色、淡灰色为宜。

四方脸型、有个性、性格爽朗的女性，不妨采用稍有角度的、眉头粗、中间和末端细长的眉型，使自己更突出、更富魅力。但要注意，千万不要形成粗硬的弧度，以免降低女性的灵气。

正三角脸型和长脸型的女性，都应该把眉画得细长些，眉梢离开一些；倒三角脸型的，则应和方脸型一致。

修眉看似简单，做起来不易。方法不对，便剪不出预想的形状，而这里修一下那里剪一点，两边弄不齐，越修，眉越细了。

为此，首先要用眉刷整理一下眉的形状，再以眉笔画出眉形轮廓。然后用眉剪或毛钳把多余的眉毛去掉，修整形状。

用剃刀会产生显眼的痕迹，眼影膏就落不好，特别是眉浓的人。因此剃刀只用于从额方向来的毛，其余的多余眉毛要一根根用毛钳拔掉。

定好眉形，进一步修齐时，可用眉梳把长的眉毛梳起，用剪子剪去浓密部分。

粉底应该怎样用呢

痘痘肌可以涂粉底吗?

选择有细致微粒的底妆，因为它可以做到层层叠加。一层遮盖力不够，还可以再叠加涂抹一层，但效果却跟只涂一层一样。你还可以在粉底里混入精华或妆前乳，制造一种特别质地，好用又有趣。

在上粉底的时候，一定要用刷子吗?

大家可能之前听到一些造型师特别喜欢用海绵，因为这样底妆会打得非常均匀，妆效非常饱满。但这个方法其实不适合平时化妆用，先不说它吸收粉底造成浪费这个问题，同样一块海绵沾上粉底，它会吸走粉底里原有的保养成分和水分，虽然妆上好了，但非常容易干，会让肌肤感到不适。

如果你是拍结婚照或写真，需要很厚的妆容，那么你用海绵上粉底是没问题的。如果要用手来上粉底，那么粉底沾到手上会总脏手，反之如果手不干净，手也可以弄花妆容。

用刷子上粉底，大家可能会觉得不均匀，会有刷痕，但练练就会轻松掌握窍门。掌握粉底刷的使用方法是：将它三分之一的毛贴合肌肤，呈45度角做手势，直线来回。买一把好刷子，能让你化妆时节省好多时间。

刷子多久清洁一次？

建议大家每次使用完后，用纸巾把多余粉底擦干，因为，除了粉底，还有油脂在上面，所以刷体非常容易滋养细菌。建议每周对刷子进行一次清洗。选用天然毛质的好刷子，每隔两天用护理头发的洗发水清洗它就可以了，之后用清水水流顺毛刷的方向冲洗，自然晾干就好。晚上洗好了，第二天出门这个刷子就可以用了。

听说使用粉底或常化妆会令毛孔变得粗大，所以是不是最好素面朝天？

经常使用一些质量劣质的干粉或粉底的确会阻塞毛孔，使其无法正常呼吸代谢，再加上清洁卸妆不当，容易使毛孔变得粗大。

但是，如果完全不使用粉底及一些隔离产品，空气

中游离的灰尘或脏东西，就容易附着在皮肤和毛孔里，同样会堵塞毛孔。

所以，应在化妆前选用专门为T字部位而设计的凝胶或乳霜来调控皮脂分泌，而化妆品则要选择清爽不油腻、透气性能好的，这样还能让肌肤多一层防护。最后还是要提醒你，一定要加强卸妆及清洁，防止毛孔堵塞。这样，美丽才能零负担。

如何才能让肤色显得白里透红又自然？

首先，避免粉红色系的粉底！即便你希望肤色有淡淡的红晕，也不要选择粉色系，它会让肤色显得非常不自然，老气又土气。米色系和棕色系是更时髦的选择。在打底方面，少即是多是一贯的真理，但并非只一味做减法，而要注意搭配。

建议在涂完保湿霜后，先上一层薄薄的妆前霜或调色霜，然后再用粉底，虽然看上去层数多了，但实际的使用量都很好。在粉底中掺入一些保湿乳，用粉底刷轻轻刷在皮肤上，最后再喷一层保湿喷雾，这样的妆效看起来最清透自然。

快速画出性感美唇

怎么样才能拥有丰盈的性感嘴唇呢？其实我们通过高超的化妆技术就可以很快把唇部的性感曲线给描画出来，让你拥有性感撩人美唇。大家一起跟学一学吧！

1：要产生丰满的错觉，先用唇线笔将唇部的最外层部分画出轮廓；

2：用专用唇刷涂口红，将唇线涂匀，在中间加一点淡淡的颜色来产生轮廓；

3：避免使用深色口红。

眼妆技巧你知多少

夏季来临，眼部出油不免影响眼妆，那么，如何画眼妆，还可以不脱妆？

技巧重点如下：

1. 逆转化妆步骤，从画眼线开始

2. 深色眼线和眼影的范围都不要超过眼褶

3. 靠近眼头的眼线要细，靠近眼尾的眼线要粗

这三个小技巧就可以让眼皮出油的问题得到很大解决，持妆更持久。

具体步骤如下：

1. 很多彩妆教程都是从眼窝打底开始，但是今天我们从画眼线开始，让眼妆更持久的技巧就在于逆转通常的步骤。使用深咖啡色铅笔眼线笔，从眼头往眼尾的方向画满1/2。

2. 眼尾的内眼线要逆方向来画，容易上色。从眼尾往眼头画去，连接前面的1/2线。不要一笔从眼头画到眼尾，费力又容易失败。

3. 画外眼线，从眼头开始先画1/2，再从眼尾画另外1/2。靠近眼头的眼线要细，靠近眼尾的眼线要粗，所画范围都不要超过眼褶。

4. 用尖头眼影棒蘸取与眼线颜色最相近的深咖啡色眼影，堆叠在外眼线上，深色眼影可以让眼线更加柔和。

5. 用眼影刷蘸取比肤色稍深的眼影刷满整个眼窝，打造阴影，让眼睛看起来更深邃。

6. 同样选取这个颜色的眼影，刷在下眼皮部位，从眼尾向眼头刷去。

7. 画下眼线，只画眼尾的2/3部分，靠近眼尾部分稍粗。

8. 用尖头眼影棒蘸取深色眼影加强眼尾的眼线，晕染之后可让眼妆看起来更柔和。

9. 夹翘上睫毛。

10. 这时候你会发现睫毛中间有些空隙是眼线没填满的，用液状的眼线笔来填补这些空隙。

11. 再用深色眼影轻轻地压一压眼线，并晕染一下。

12. 用睫毛膏呈Z字型刷下睫毛。

13. 用指腹蘸取米色眼影在眉骨做提亮，让眼妆更显层次。总结来说，如何画眼妆能不脱妆，重点在于在眼线在眼影前打底，因为眼线通常比眼影更容易晕，逆转过来能阻止眼线在长时间接触皮油和外界空气之后晕染明显。

补妆窍门 摆脱花猫脸尴尬

夏季燥热，也比较容易令人流汗，出油、脱妆绝对是爱美美女们最烦恼的事情，那么如何补妆摆脱花猫脸尴尬呢？

去油+补水

要想补妆我们首先要进行面部吸油。吸油用的工具是吸油纸这些应该不陌生了吧。吸油的工程集中在T区，因为油都是从这里开始蔓延的。

吸油工作完成了就要开始防止出油。出油的原因是人的皮肤都有一个自动修复和平衡保湿的功能。当我们的皮肤感觉到皮肤过于干燥就会出油做到平衡保湿的效果，所以要想不让皮肤出油的最好办法就是保湿补水。这个时候就该喷雾出场了，用喷雾的好处是在补水的同时不破坏原来的妆容。

补救底妆

当面部进行吸油和补水后，就可以处理已经糊的底妆了。补妆时需要特别注意三个地方：额头、脸颊和鼻翼，一般这三个区域是最容易出油的地方，最好使用干湿两用的粉饼进行补妆，用粉扑蘸取粉后，以按压的方式轻拍在面部，以达到不堵塞毛孔的效果。

眼影脱妆

解决眼影脱妆首选的是棉棒，眼妆如果脱妆看起来比粉底更加难看明显。棉棒针对的是被弄脏的眼皮。棉棒不仅可以准确地清洁眼周，还可以用来调整尾部部分的眼线，手法熟练的女生都会用这招来形成上扬的拖尾或是干脆在眼角处利落地结束。只要尝试几次，就能掌握其中的手法和力度。

腮红补救

在给腮红补妆之前也一定要做好去油和补水的工作，选用的腮红不要和原来使用的腮红色差太大，并要选择比原腮红颜色略浅一点的颜色最好。在补腮红的时候一定要在苹果肌上以斜上方的方向进行轻扫，力度从重到轻，这样可以塑造出立体的轮廓，并且还很自然。

睫毛膏结块

修补睫毛的时候我们不能使用睫毛夹哦，这点要记住。如果使用睫毛夹，那么已经涂有睫毛膏的睫毛就容易结块。正确做法是用棉棒顺下睫毛，然后用增长型睫毛膏在睫毛头补刷，这里要注意了我们只要耍睫毛头就行了，如果刷整体就不好看了。

唇彩脱落

先擦拭剩余唇彩残渣。将干净的化妆纸或餐巾纸，放于双唇之间，合着嘴抿它几下，就可以把嘴唇内侧多余的唇膏粘在纸上。别小看这个动作，它能让唇色如同刚吻过般自然红润，按压唇色。

逢"油"色变 卸妆怎能干净

虽然卸妆油一直是彩妆品的绝配，但并不是每张脸都愿意为它埋单。最近美妆品畅销排行榜上蹿出了好几名"非油性"卸妆品，难免让那些"逢油生变"的痘痘肌们心中长草。

就在你砸钱之前，请冷静判断，卸妆油是否适合干MM？其中的"油"到底是好是坏？离开油的卸妆品是否一样好用？防水彩妆是否也能卸得干净？现在就让眼光挑剔的美容专家和编辑一起为你细细评鉴。

天越热越不敢卸妆？

很多人都知道用油溶油的卸妆概念，而推论油也可以溶解毛囊里面的油，所以 Lynn 每晚都用大量的卸妆油，并且细细按摩，想象着毛孔里的油脂都被推了出来，结果常常事与愿违，卸了妆之后，往往是惨不忍睹，毛孔，痘印，炎症等等肌肤问题都冒了出来。所以这就是一个恶性循环，天越热，粉盖得越厚，卸妆时间越长，痘痘也长得越多。

卸妆油真的能去粉刺？

不知道从什么时候起，"以油卸油"这词儿到处流传。为什么论坛里传闻在使用卸妆油按摩之后，觉得粉刺变少了？那是因为，使用卸妆油时，我们会稍微按摩我们的脸或者鼻子，在按摩的过程中，由于摩擦力的作用，浮在皮肤表面的油脂就会被摩擦掉了，所以使用卸妆油之后会感觉粉刺变少。这并不是卸妆油本身可以去粉刺，如果你用其他细致的磨砂膏也可以达到同样的效果。

橄榄油，baby油，卸妆油，到底是什么油让我们长痘？

专家为你破除卸妆大迷思

真正导致我们长痘的并不是油脂本身，主要问题出在有些产品中添加了导致粉刺、青春痘产生的人工合成酯，尤其是十四酸异丙酯及十六酸异丙酯，这两者刺激性大，是长痘的元凶。还有一种情况是卸妆时，没有将这些油脂彻底洗净，长期堆积在脸上，堵塞毛孔引起青春痘。

如果你爱画浓妆，又怕卸不干净，那么就选择纯植物或者矿物的卸妆油吧。

"越卸越油"并不全是卸妆油的错！

1.不能逮着油就使。总得先了解一下自己的肌肤适不适合把油糊在脸上吧。现在市面上的卸妆油成分都以矿物油、植物油为主，本身并不会对肌肤产生危害，如果是敏感肌肤，注意避免含有"合成酯"的卸妆产品（如Isopropylmyristate，IPMIsopropylpalmitate，IPP）。

2.卸妆油并不是按摩油。很多人为了物尽其用，觉得按摩越久卸得越干净，其实卸妆油亲肤性强，皮肤上停留太久反而容易致痘。在用卸妆油的时候，切记不要让卸妆油在脸上停留太久，时间最好控制在1分钟以内，然后用大量的清水冲洗干净。

3.干脸干手很必要。使用卸妆油一定要干脸干手！

4.充分乳化，量要足。有很多人在使用卸妆油的时候会犯了小气的毛病，原因倒不是因为卸妆油很昂贵，而是因为卸妆油感觉比较油腻，似乎用一点就足够了。卸妆油的功效来自于乳化作用，如果用量很少，就不能充分乳化。

5.卸妆不代表洁面。用完卸妆油一定要再用洁面产品。

皮肤本身代谢出来的东西，粉尘、汗液等都混在卸妆油里，卸妆油残留在脸上，就相当于这些东西也残留在脸上，不用洗面产品是绝对不可以的。

卸妆也要有选择

干性肌肤！清洁霜，保湿从卸妆开始

特点：因为植物性油性类产品或含胶原蛋白的产品可以使干性皮肤在清洁卸妆后，表面形成一层滋润性的保护膜。它有利于锁住水分，防止其过早流失。

正确用法：干性皮肤在清洁卸妆的过程中，应注意手向斜上方打圈，并尽量在做每一个动作时都加上一点提拉手法，目的是让肌肤变得紧致而有弹性。切忌在清洁时向下画圈，以免使已经老化的肌肤变得更加松弛。

粉刺肌肤！卸妆啫喱，夏日首选

特点：在卸妆油的基础上，加入了少许洁面活性剂，使其质地比卸妆油要轻，使用感更清爽，对肌肤刺激更小。

卸妆啫喱，因其清爽的质感和高保湿成分人气逐渐上升，超高的保湿度和清爽的肌肤触感令卸妆啫喱在偏油性和混合性肌肤中具有很高的人气，尤其适合夏季使用。

敏感肌肤！卸妆乳，无刺激洁面

特点：卸妆乳是在法国发明的。因为当地水质较硬会对肌肤造成伤害，卸妆乳液对肌肤非常柔和，不会夺走肌肤的皮脂和滋润度，因此其洗净力相对温和稳定，对肌肤柔和无刺激。

正确用法：用棉片在干燥肌肤上轻轻擦拭。

卸妆乳总会在皮肤上留下一层滑滑的感觉，是没洗干净吗？

卸妆乳最好的清洁方式是用纸巾或棉片擦拭后再用温水清洗，洗脸水的温度建议不要太冷。至于没有紧绷感，是因为卸妆乳本身的保湿力强，并不是没洗干净。

棉片卸妆擦拭的方法与之后搽化妆水的方法一样吗？

因为毛孔生长方向是朝下的，所以使用棉片擦拭卸妆水或乳霜，要从上往下，避免将脏东西推进毛孔里！而使用棉片搽化妆水则要由下往上，把保养成分拍进毛孔里。

懒人首选！卸妆水

特点：拥有化妆水般的清爽感，使用时，只需像用化妆水一样，用棉片蘸取卸妆液轻拭就能卸妆，并且不需要用水清洗，甚至可以轻易卸除睫毛膏，真是懒人之首选。

正确用法：卸妆水的卸妆力稍微差强人意，所以在卸除防水眼妆的时候，一定要提前湿敷，一定不要用力擦拭皮肤。

卸妆水闻起来有酒精味？

如果卸妆水中含有酒精成分，确实会夺去肌肤中的滋润成分和水分，让肌肤变得干燥。但现在大部分卸妆水都无酒精成分，具有清洁后保持水分的特性。

不用水也能将脸真的洗干净？

在清洁后，用棉片蘸取化妆水擦拭脸部，棉片上还有彩妆残留，就是没卸干净啦。棉片擦拭脸部的这个动作其实也可以起到二次清洁的作用。

卸妆液别混用　小心美肌变黑

对于每天化妆，美美出门的女士来说，没有什么比掌握正确的卸妆和清洁方法来的重要。说到看似简单的卸妆步骤，你是否也存在许多疑惑？眼唇卸妆液和脸部卸妆液能混用吗？卸妆的正确顺序究竟是怎样的……今天就为你一一解答，让你的肌肤在干净清洁的状态下去接受滋润的后续保养。

眼唇专用卸妆油和普通卸妆油能混用么？

除了眼部专用保养品以外，几乎所有的护肤品都会注明请绕开眼部四周使用。因为眼睛周围的肌肤厚度只有脸颊的四分之一，非常娇嫩，且容易敏感和疲劳。所有使用眼唇专用卸妆油是非常必要的。建议最好不要将眼唇专用卸妆油和普通卸妆油混合使用。

眼唇卸妆

将眼唇专用卸妆油浸湿化妆棉。闭上眼睛，将浸湿的化妆棉轻轻敷在眼部，用手轻轻按在化妆棉上。大约30秒后，用化妆棉向眼睑处轻轻由上往下擦拭几次。然后再将化妆棉对折，用折角部分给难以清除的眼角部位进行处理。大部分眼妆被清理干净后，再用化妆棉将残留的部分轻轻清除。然后再进行唇妆的卸除，先用化妆棉沾取适量卸妆产品按在嘴角大约5秒钟，然后从嘴唇两侧向唇部中央轻轻擦拭。

由于眼睛周围的肌肤非常脆弱，保护不当也最容易出状况。所以眼部的卸妆工作一定不能马虎，动作也要轻柔。

脸部卸妆

压泵设计的卸妆产品，每次大概取两泵的量倒在手心。在干手干脸的情况下，用手指将卸妆产品延伸到整个面部，然后轻轻按摩。注意千万不要忽视鼻翼两侧和嘴巴周围的部分。以防肌肤受到过多刺激，脸颊的部分不宜大力按摩。只要用整个手掌紧贴两颊，用手上的温度将妆容慢慢融化即可。

流水乳化

注意卸妆产品不宜在脸上停留过多的时间。卸完妆后用30°左右的温水清洗面部。洗脸的时候最好用流水，比较干净。待手上和脸上的卸妆产品完全被乳化后，挤出洗面乳放在手心。用水打出繁多细密的泡沫后做二次清洁即可。千万不要将洁面产品直接涂抹在脸部。

温和卸妆就要快+净

琳琅满目的化妆品，能带给你靓丽照人的一整天，但是，如果没有正确的卸妆步骤，稚嫩的肌肤就会收到化妆品的摧残。今天小编就来叫你如何快速干净去掉脸上脏物，一起来学习吧！

在皮肤干燥的冬季里，干净彻底地卸妆又成了一大课题。很多美眉会认为脸上污垢要擦拭多次，卸除多次才能彻底干净，那是否真的卸妆越久脸就越干净呢？今天，小编就要给你纠正错误了。其实，掌握正确的卸妆步骤，便能快速温和地卸干净脸上污垢，而卸妆越久脸会越脏哦！

正确的卸妆步骤可分为两大重点

先作重点卸妆：眼唇卸妆，可以使用专用眼唇的卸妆液；

再作全脸卸妆：依肤质挑选适合自己的卸妆产品，记得要兼顾到颈部。

应该避免的卸妆方式

NO.1：反复用面纸一直擦拭

反复用面纸一直擦拭脸部到没有色素为止，因为这样反而更会将色彩擦入到肌肤角质内，并且过度摩擦到肌肤，容易造成色素沉淀。

NO.2：脸部呈湿润状态时开始卸妆

脸部呈湿润状态时使用卸妆油或是卸妆乳霜，这样

一来使得卸妆产品被水先行稀释，无法发挥完整的卸妆效果。

NO.3：卸妆后不用清水冲洗

使用卸妆液或卸妆湿巾后不用水 洗，通常这类产品含有清洁作用的洁面活性剂，若擦拭之后不用水冲洗干净，会使清洁成分残留脸部，久而久之就会造成肌肤脆弱与受损。

NO.4：过度揉搓肌肤

为达到深层洁净效果，过度揉搓肌肤，特 是在有发炎的青春痘处，有时过度揉搓反而是造成卸妆不当产生痘痘与其他面疱的原因。

夏季化妆包必备吸油面纸

为了避免尴尬，吸油面纸是许多女性化妆包里必备的东西。

挑选适合的吸油面纸

在挑选适合自己的吸油面纸之前，首先要了解如今吸油面纸的种类。

一般来说，吸油面纸分为以下几种：

1. 传统的金箔吸油面纸--薄薄的一层金黄色面纸是由密度较高的纸质和极细的金箔制成，拥有较强的吸油能力，还具有杀菌的作用，适用于大部分肤质。

2. 粉质的吸油面纸--上面含有细微的白色粉质，将去油与补妆两种作用二合为一，比较适合有化妆习惯的女性使用。

3. 采用麻纸质料做成的吸油面纸--虽然吸油效果很好，不过由于质地较为粗糙而容易在去油的同时伤害肌肤。

4. 蓝膜吸油面纸--纸质非常柔和纤细，在吸油的同时，还能较好地保留肌肤所需的水分。

另外，有些吸油面纸还特别添加了天然的护肤成分，比如加入了天然绿茶的吸油面纸，凭借绿茶消炎镇静的功效，在去油的同时还能收缩毛孔、控制皮脂分泌，淡淡的绿茶芳香也令使用者感到心旷神怡。

因此，在挑选吸油面纸的时候，除了要仔细辨别它们的种类，还要注意它的材质是否轻柔，因为保护肌肤才是吸油面纸增加肌肤美丽的关键。

这种时刻　你更需要卸妆油

卸妆水、卸妆乳、卸妆湿巾……卸妆品有很多，那么，什么情况下我们需要用卸妆油呢?当你化妆用了很多色彩时。在使用了防水型、持久型彩妆，或在脸部上了许多色彩(也即沾附很多色素)时，需要大量的卸妆油才能彻底溶解、解除。

准确地说，卸妆油是给有上妆习惯或喜欢化浓妆的人使用的。如果是新娘妆、舞台妆之类的，当然必须用卸妆油才能完全卸去;但我们平日化的淡妆(也即不使用防水型、持久型彩妆和过多的颜色)，用普通的清洁产品就可以了。你也可以局部使用卸妆油，比如用棉花棒沾卸睫毛膏和持久唇膏，然后全脸用常规的洁面产品来清洁。

当你防晒时。防晒用品、隔离霜(尤其是具有修饰肤色功能的产品)都是质地很稠厚的，尤其物理性防晒成分是一种油溶性粉剂(所以指数越高的防晒霜越油)，必须靠卸妆油才能清除干净。

常上妆的你，是否能将脸上层层的彩妆卸除干净呢?尤其眼睛周围的肌肤是最为脆弱的，不好好保养小心它可会泄露你的秘密-年龄!所以美眉当然不能草率的卸妆，接下来为你提供眼部卸妆的小秘诀:

眼部彩妆卸妆法

1. 将卸妆产品倒少量于化妆棉片上;

2. 闭上眼睛，将沾了卸妆产品的化妆棉片轻覆眼睑、睫毛上，放置数秒;

3. 轻轻地将棉片，由眼头至眼尾卸除眼影;

4. 重复以上三种步骤，再卸除睫毛膏;

5. 卸除上睫毛背面的睫毛膏时，闭上眼睛;轻轻地由睫毛根部往尾端，向上卸除睫毛膏;

6. 利用沾上卸妆产品的棉花棒，再次清除睫毛根部等不易卸净的部位 再用干净的棉花棒沾卸妆产品，仔细卸除下睫毛的睫毛膏 许多美眉在卸睫毛膏时，总会掉好几根睫毛;其实，卸妆时不断地掉睫毛，大多是因为卸除睫毛膏的方式错误，错误的卸除方法可是会让你的睫毛"小命不保"!;

7. 常上妆的你可以先在浴室里，进行卸妆的工作;先卸掉眼部、唇部的彩妆，再卸除脸部彩妆。卸完妆后就直接洗个脸，完成褪掉层层的彩妆面纱，会使你感觉更清爽些!给肌肤一个完整的呼吸空间，准备迎接温柔缤宴。

你也可以是保养达人

让肌肤变好其实很简单?但你能猜得到吗? 以下有八种关于皮肤保养的冷知识，来跟我们看看吧!

简单的乳液防护

酒店免费提供的面霜也可以为你的肌肤保养作出贡献。润肤的步骤不只是让肌肤暂时变得有弹性，还能有助防止肌肤老化!美国圣地亚哥医学院皮肤科临床副教授理，查德·菲茨帕特里克表示: "做手术的时候，让伤口愈合最重要的方法就是保持伤口区域湿润。"他指出对抗日晒伤害，跟手术处理方法没什么不同: "乳液里含有甘油，牛油果和其他补水成分，可以让你的皮肤快速地自我修复。"

日常保养时，我们要为肌肤保湿，促进细胞流动，刺激胶原蛋白生长，驱逐造成DNA损伤的自由基，才能变得更美丽动人！

运动要放轻松

在健身房最容易被忽略的身体部位是肩膀以上。纽约市皮肤科医生勃兰特认为："很多女性在做运动的时候会不自觉地收缩下巴和喉咙，这样不但会让颈部的轮廓突兀，还会让脸部皮肤下垂。所以爱运动的你要注意防患哦。

到处都是日晒危机

不要以为每天躲在办公室里，上下班都有车子接送，就能对阳光免疫！不像UVB射线，UVA射线能够穿透办公室、家里和车子的玻璃，对皮肤造成伤害。越来越多人担心UVA波长的问题，认为它对皮肤的伤害是UVB射线的十倍。但事实上，两种阳光射线都会对皮肤造成损害，所以你无时无刻注意都要注意做好防晒，这样才能成功变身美肌达人。

防止被阳光直接晒到

任何防晒产品都会有溶解和失效的时候，所以如果有条件，万无一失的防晒方法就是远离阳光。我们建议你可以坐在离窗户至少2到3米的地方，这样就可以防止皮肤因为日照而发红以及阻止皮肤胶原蛋白的分解。

面部太过饱满会让你平添岁数

这几年，玻尿酸填充剂越来越受到女性的喜爱。大家发现，一张丰盈饱满的脸庞，比起扁塌凹陷的皮肤更富魅力。根据旧金山加州大学医学院皮肤科临床教授马

塔拉索的观察，很多医美手术患者或医生都对玻尿酸填充剂过分着迷，但注射过后，患者的眼睛，嘴巴，甚至是下巴都有可能因为隆起的脸颊而变得短小，反而会变得老成不好看。

医生建议玻尿酸可以注射在因为年长而变得松弛的地方：太阳穴，耳朵前方和下巴都是好例子，而注射在脸部边沿能够让人看起来比较柔软自然。

没有肉毒杆菌不能做的事？

事情是这样的，除了轻微的头痛，僵硬的笑容，再伴随一些排汗过度的后遗症，大多数的人都能透过BOTOX注射肉毒杆菌来达瘦脸的效果。虽然一些人能成功地用肉毒杆菌让自己的咬肌变小，塑造小脸的效果，但接受注射的患者还是有机会在收缩突出的下颚轮廓后，被硬生生地挤出了双下巴！所以在注射肉毒杆菌前真的要三思，它并不适合所有人。

水瓶对你的危害

你是不是有一天喝八杯水的习惯？ 纽约皮肤科医生格罗斯曼发现道：用水瓶喝水的时候，撅嘴的动作会令嘴部皱纹增加。她建议我们携带一个可重复使用的瓶子与壶嘴，这样在外面喝水的时候就能直接把水倒到嘴里，不用做出吸吮的动作。

美容觉也能让你变丑

美容医师可以靠观察你脸颊的线条看穿你是侧在哪边睡觉的。医师建议，最好避免打瞌睡，那样就能避免产生皮肤上的睡眠线。另一个更为有效的策略是：买一个光滑的枕套，丝绸或者缎子是最好的，如果你买不了，就挑一个你能买到的最柔软的枕头面料吧！

女人别忘了何养你的"脚"

美女们对面部的保养可谓做足了功夫，但却常常忽视了脚。炎热的夏天，凉鞋肯定是不少爱美女士的必选之物，但强烈的阳光照射、路上的灰尘飞扬，会导致双脚角质层越长越厚、皮肤变得粗糙;脚背、脚趾与鞋的摩擦挤压容易出现发黑发红等等不美的样子，那可就变成真正的女"猪脚"了。

脚丫要怎样保养呢?

保养脚丫要从夏季或夏季来临前就要开始啦，这样就可以避免秋季脚部遭受干燥的困扰。因为在夏季，经常会穿凉鞋的女性，肌肤暴露于阳光及空气中，一段时间以后，脚部肌肤受损情况比较严重。如果不及时保养的话，双足在秋季有可能会更加干燥，甚至干裂等状况。

一、夏日脚丫5大尴尬丑样

尴尬1：暗沉肥厚的脚皮让你的脚看起来很粗犷，穿上漂亮的凉鞋会把脚称托的很难看。

尴尬2：脚跟的肌肤干燥龟裂，很像欧巴桑，一不小心还会勾破丝袜。

尴尬3：天气热，脚底飙汗黏腻的感觉很不舒服。

尴尬4：一脱鞋异味跟着飘，多丢脸!

尴尬5：天天穿高跟鞋，鸡眼和拇指外翻找上门，深深体会举步维艰的痛楚喔。

二、五步打造精致美足

对于一个追求完美境界的女人而言，任何一个美丽的细节都不可忽视，想拥有纤纤玉足就要注意足部护理，好好呵护双脚，这样才能拥有美丽双足啦!

1：注意日常清洁

夏季泡脚好处多多，不但可以清除脚死皮等，还可以驱除疲劳、消暑除烦。同时，脚的脂肪层薄、保温差，所以脚掌皮肤温度最低，极易受寒。一旦脚部受凉，容易使抵抗力下降。所以，平时多泡泡脚也是很好的。

每天睡觉前，将双脚泡在温水里10分钟，水温不宜过高，不要超过45℃的水泡脚，以软化表层皮肤，祛除深层的污垢。长期坚持泡脚不仅可以软化角质，使脚部肌肤更加柔滑细腻，还能助你一夜好眠哦。泡完脚之后一定要涂上润足霜，再用保鲜膜包住一夜到到明，人体的肌肤在晚上的吸收功能特好，这样可以使皮肤更有效地吸收营养成分。第二天清晨，双脚就会变得柔嫩细滑呢！

还有哦我们可以放几滴自己喜欢的精油在水里，如佛手柑香薰油、鼠尾草香薰油等。将水和香精在泡脚的时候，充分地混合之后就可以开始泡了，这样有很好的祛除脚臭效果哦，有这方面烦恼的女士一定要自己动手试着做一下哦。

2：经常去角质

女人们迷恋高跟鞋，所以不得不忍受因它而造成的对双足的伤害，尤其是夏天，虽然趾甲涂得一丝不苟，但足跟处挥之不去的死皮还是让人不忍细看。所以，足部护理的第二步就是要勤去角质。你可以用温水浸泡脚后，使用足部去角质霜轻轻按摩足部，特别加强脚底厚茧和脚跟部位，也可用浮石帮助加强磨去厚皮，并用软的旧牙刷清洁趾缝间和脚趾甲缝隙。

3：要常常按摩

想要拥有美足，必须保持足部健康。经常按摩双脚可以刺激穴位，并达到促进脚部血液循环，使劳累了一整天的双脚彻底放松。甘油和牛奶是不错的足部按摩材料，先将它们均匀地涂抹在双脚上，在按摩过程中酌量添加，配合按摩工具，可以促进血液循环，尤其可以改善足部的肿胀感。

在处理完脚部的死皮后，接下来就是做按摩。生活中，很多人都会忽略这个程序，往往直接涂抹滋润霜，其实，这会使得脚部肌肤的滋润度不足，从而导致脚部肌肤很快就会干燥的。

为此，要想双脚持续保持柔软光滑，减缓脚部死皮的困扰，这一步增加皮肤水分的按摩霜或按摩精油是不可忽视的。由于长时间的步行与季节的变化影响，可以尝试使用具有薄荷成分的按摩膏，来镇定及祛除足部粗糙角质，让肌肤变得更加光滑。

足部按摩5～10分钟，在按摩的过程中也不要忽略脚踝、小腿部位。需要注意的是，按摩膏并不能代替滋润霜，在按摩结束后，一定要清洁干净，并再涂抹滋润霜。

4：最后涂抹滋润霜

在脚部按摩结束，清洗完毕后，就该给双脚涂抹滋润霜了。冬天可以用滋润效果较强的，夏天选择平时的护手霜、保湿润肤霜、婴儿柔肤霜等就可以。最好的涂抹方法是，用大拇指轻轻按摩2分钟擦遍双脚每个部位。如此一来，营养成分就会被充分吸收。

另外，要想取得更好的滋润效果，在擦完滋润霜之后可立刻穿上棉袜，帮助脚部肌肤更好吸收滋润霜的营养成分。

在给双脚涂抹润滑霜的时候，要照顾每一处肌肤，但切忌在脚趾间积留下来，以免滋生细菌等。

5：出门必须防晒

夏季足部的防晒是最重要的。由于长期穿凉鞋还忽视防晒，很多人的脚面都会出现纹理型的晒黑印记，为此很多爱美女性，也会将面部皮肤美白的产品如面膜用于双脚。对此，目前也有一些手足护理店进行晒后修复，使晒黑的肌肤恢复弹性，起到美白滋润的作用。但要保持脚部肌肤美白，防止紫外线对足部皮肤造成损伤，抑制黑色素生成，关键还在于做足防晒功课。

出门前应在腿脚处涂上防晒霜，且防晒霜指数不能低于SPF15，脚面要多涂抹一些，这样可以有效地防止脚部皮肤受到紫外线的伤害，防止脚部皮肤过早老化。

6：特别护理

对于有病症的双足，其实是脚汗、真菌在做怪，那么你需要的足部护理就要比别人更多些。不妨使用除臭防菌浴盐、除臭防菌喷雾、美足清爽足部喷雾等有针对性的护理产品，保持脚部干爽、清新。

5

美肌课堂
——深度松筋美容塑造"冻"龄肌

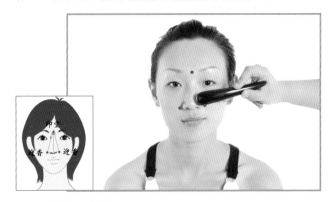

痤疮

痤疮是皮肤科常见病、多发病。痤疮是青年人常见的一种毛囊皮脂腺的慢性炎症性皮肤病。青春期时，体内的激素会刺激毛发生长，促进皮脂腺分泌更多油脂，毛发和皮脂腺因此堆积许多物质，使油脂和细菌附着，引发皮肤红肿的反应。由于这种症状常见于青年男女，所以才称它为"青春痘"。

●方法一 局部的松筋●

1. 前额部圆拨法

用松筋棒的钝角，从印堂穴至神庭穴、从阳白穴至头临泣穴、从太阳穴至头维穴，分别进行均匀柔和的圆拨手法，反复操作5～7次。

2. 鼻部刮法

以松筋棒的钝面从鼻尖沿着鼻梁刮至印堂穴、再分别从鼻翼两侧迎香穴沿着鼻翼向上刮至印堂穴。反复操作5～7次，直至鼻部有微微发热的感觉为度。

3. 颊部圆拨法

用松筋棒的锐角，从迎香穴至瞳子髎穴、地仓穴至太阳穴、大迎穴至听宫穴分别进行均匀柔和的圆拨手法。反复操作5～7次，两侧交替进行。

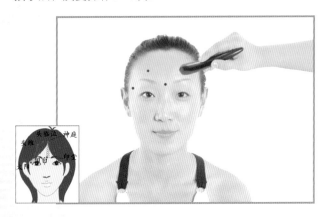

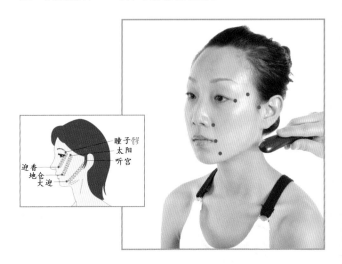

🍃 操作原理 🍃

痤疮分布的部位以头面部为主，中医学认为，本病多与肺经风热、脾胃蕴热关系密切。肺经风热之痤疮多见于额部及颊部，脾胃蕴热之痤疮之见于鼻部及下颌部。因此，治疗痤疮首先在面部进行局部松筋。

4. 下颌部圆拨法

用松筋棒的锐角，分别沿着两侧地仓穴及承浆穴向下进行均匀柔和的圆拨手法。反复操作5～7次，以下颌部有微热感为度。

●**方法二　相关穴位松筋**●

1. 大椎穴松筋

用牛角刮痧板的尖端，沿着大椎穴及两侧约1厘米的范围内"Z"字形横向划拨松筋。

2. 背俞穴松筋

分别在肺俞穴（双侧）、膈俞穴（双侧）处进行点拨法松筋。

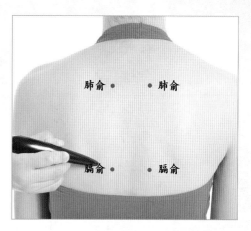

꧁◦⌇◦ 操作原理 ◦⌇◦꧂

痤疮多由肺热、血热所引起，故在肺俞穴、膈俞穴松筋可清泄肺热、凉血清热。

3. 曲池穴松筋

用松筋棒的钝角作用于双侧曲池穴，进行深挑的松筋手法。

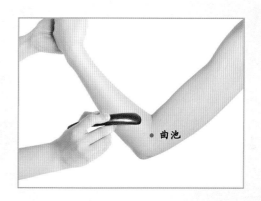

4. 血海穴松筋

用松筋棒的钝角在双侧血海上下约1厘米的范围内，沿着足太阴脾经的循行方向行"Z"字形划拨松筋。

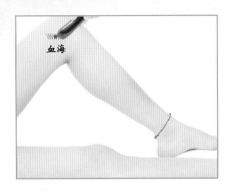

━━━∽◇∞ 操作原理 ∾◇∽━━━

血海穴为足太阴脾经穴，属八会穴中"血之会"，血海穴松筋可祛湿解毒、调和气血。

●方法三　反射区松筋●

1. 耳部反射区松筋

痤疮的耳穴松筋治疗，主要选取面颊、内分泌。

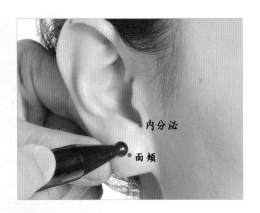

如痤疮的主要发生部位在额部，则属于心火炽盛型，取心，以清心降火；如痤疮的主要发生部位在两颊部，则属肺与大肠热盛，需取肺、大肠，清肺与大肠之热。

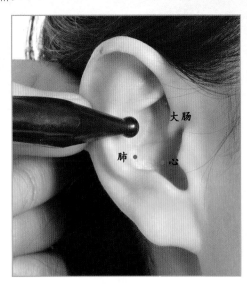

如伴有前胸与背部发生痤疮，则取胃，以泻胃火。采用松筋棒的尖端在以上各个耳穴位置上进行点压操作。

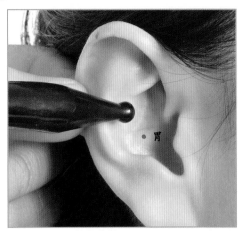

2. 足底反射区松筋

痤疮的足底反射区主要选取垂体、肺。

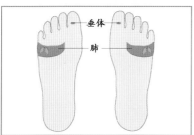

如面部潮热明显者，可加脾、胆囊，清利湿热。

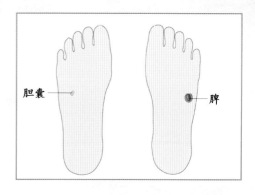

如痤疮还伴有前胸和后背多发者，可加胃、乙状结肠、直肠，清胃肠之火。

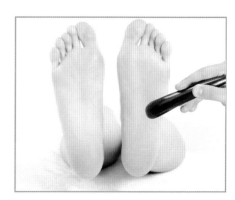

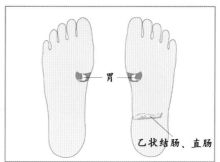

雀 斑

雀斑为常见于面部的斑点状色素沉着性皮肤病，形状如雀卵，颜色有浅有深，数目多少不定，无自觉症状，属常染色体显性遗传。肤色白的女性易患此病。损害为浅褐色针头至绿豆大斑疹，散在或聚集分布。好发于面部，特别是鼻部及眶下，重者可累及肩背上方等暴露部位。夏季日晒后颜色加深，数目增多；冬季则减轻，甚至完全消失。

●方法一 局部的松筋●

1. 鼻部刮法

以松筋棒的钝面从迎香穴沿着鼻翼两侧刮至鼻根部，再从素髎穴开始至印堂穴做刮法操作。均反复操作5～7次，直至鼻部有微微发热的感觉为止。手法不宜过重，以患者耐受为度。

2. 颧部圆拨法

用松筋棒的钝角，在两颧部分别由内向外做圆拨法松筋。根据病变部位顺序进行，每侧操作1～2分钟，以局部有热感及酸涨感为度。如遇面部皮肤较薄者，该手法不宜过重，以免伤及皮肤。

操作原理

雀斑是以妇女鼻部及颧部出现褐色斑点，形如雀卵之色为主要表现的皮肤疾病。祖国医学认为是肾水不足，虚火上蕴，郁于孙络血分或风邪外搏，肝肾阴虚，阴不制阳，以至亢盛于上而发为本病。所以本病的松筋疗法也以鼻部及颧部的松筋及相应的补肾疏肝的重点穴位松筋为主。

●方法二　相关穴位松筋●

1. 补益肾脏之穴位松筋

以松筋棒的钝角作用于太溪穴、照海穴，分别做"Z"字形划拨的松筋手法。

2. 疏理肝气之穴位松筋

选太冲穴、曲泉穴进行点拨法松筋操作。

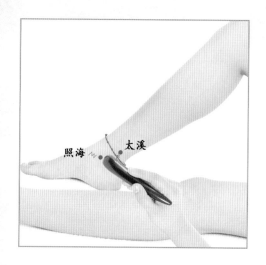

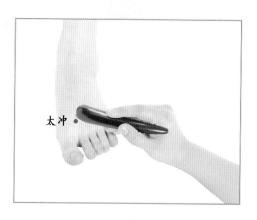

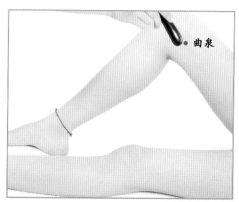

操作原理

太溪穴与照海穴均为肾经腧穴，作用之可滋养肾水，以消上炎之虚火。

操作原理

本病多因肝经有热而引起，故选用太冲穴、曲泉穴，清肝热、降肝火，以消色斑。

●方法三 反射区松筋●

1. 耳部反射区松筋

选取耳穴中的面颊、脾。

2. 足底反射区松筋

选取足底反射区中的肝、脾、肾、肺。其中肝、肾反射区松筋，可滋补肝肾、防止虚火上炎、蕴蒸肌肤；脾、肺反射区，可使皮肤滋润、促进雀斑的吸收，是治疗皮肤病患常用的足反射区。

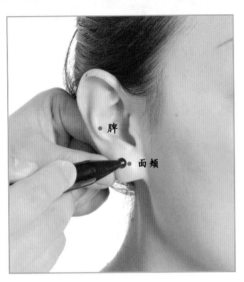

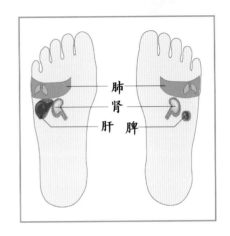

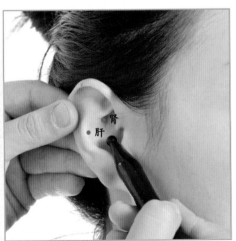

如伴有五心烦热、颧红口干者、属肾水不足、不能荣华于上阴虚火邪上炎、蕴蒸肌肤所致，可配肝、肾，以补肝益肾、滋阴降火。

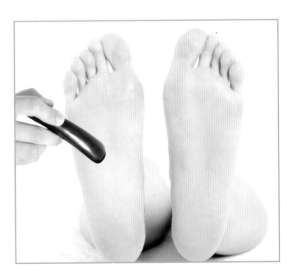

黄褐斑

黄褐斑是一种面部色素沉着疾病。以颜面部有褐色或黑褐色斑块，形如蝴蝶状为其主症。多见于已婚女子，男子亦偶有之。现代医学认为内分泌是本病的最常见病因。妊娠妇女由于雌激素和黄体酮分泌增多，促使色素沉着也可在面部出现黄褐斑，称妊娠性黄褐斑，分娩后逐渐消失，属生理性现象。

●方法一 局部的松筋●

1. 病损局部圆拨法

用松筋棒的钝角，在病损局部做圆拨法松筋。手法均匀柔和，力度由轻至重。每个病损部位操作 1～2 分钟、以局部潮红、微热为度。本法促进局部血液循环，有助于病损处斑点的吸收。

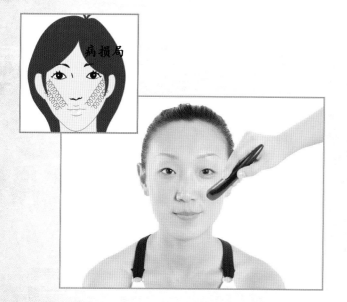

2. "三角区"划拨法

以大椎穴与两侧肺俞穴为基准，做等腰三角形，所围成的区域即"三角区"。在此区域内用松筋棒的钝面反复进行划拨松筋。方向由上到下，每次操作 3～5 分钟。以局部发热有酸胀感为度。此法可疏通经络、调气行血、养阴滋津、泻火除烦，适用于各型黄褐斑。

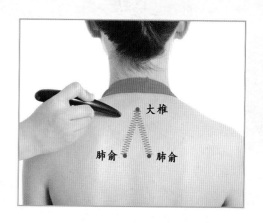

●方法二 相关穴位松筋●

1. 疏肝理气法

取太冲穴、血海穴、肝俞穴、膈俞穴做重点开穴。

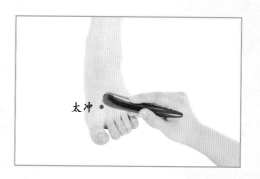

血海

2. 健运脾土法
取脾俞穴、膈俞穴、中脘穴、足三里穴做点拨松筋。

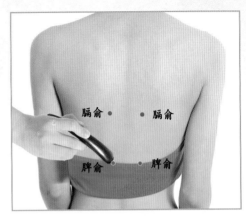

膈俞　膈俞

脾俞　脾俞

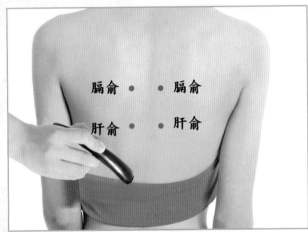

膈俞　膈俞

肝俞　肝俞

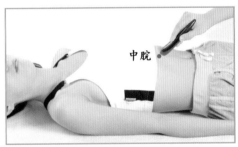

中脘

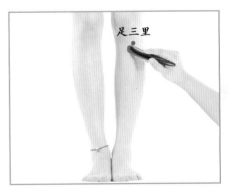

足三里

·ᵒᵒᵔᵒᵒ· **操作原理** ·ᵒᵒᵔᵒᵒ·

　　肝俞穴为肝脏的背俞穴、太冲穴为肝经原穴，二者可疏肝解郁、行气导滞；膈俞为血会、血海为治血要穴、二者可行气调血、活血化瘀。本法适用于肝气瘀滞型患者。

3. 滋补肾水法

取肾俞穴、太溪穴、三阴交穴、阴陵泉穴进行点拨法松筋。

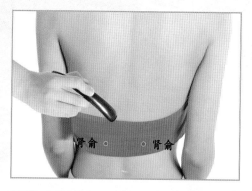

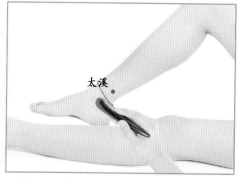

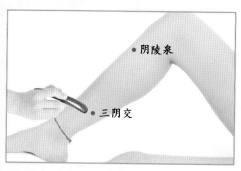

·๛๛操作原理๛๛·

肾俞穴为肾脏的背俞穴，三阴交穴温补脾肾，太溪穴滋水填精，阴陵泉穴滋阴健脾，四穴合用，有补肾滋阴、健脾益气之效。本法适用于肾水不足型黄褐斑患者。

●方法三 反射区松筋●

1. 耳部反射区松筋

选取耳穴中的面颊、脾、内分泌。

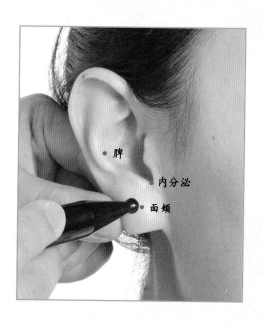

如伴有便秘者，可配大肠，润肠通便；如与情绪变化关系密切者，可配肝，疏肝理气；如肾精亏虚者，失眠并腰膝酸软无力，可配肾，滋阴补肾。

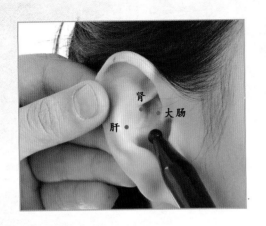

肾

大肠

肝

黄褐斑的发生与情志因素关系密切。祖国医学认为，情志不遂、肝气郁结、气机瘀滞、不能上荣于面，劳伤脾土、脾失健运、气血不畅、颜面失养或肾精不足、虚火上炎，均可致肌肤失养而发为本病。故本病的松筋治疗根据上述病因来辨证施治。

如伴有便秘者，可配大肠，以达到润肠通便的功效；如与情绪变化关系密切者，可配肝，疏肝理气；如肾精亏虚者，失眠并腰膝酸软无力，可配肾，滋阴补肾。

2. 足底反射区松筋

选取足底反射区中的肾上腺、肺、脾。

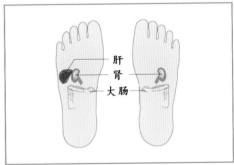

肝
肾
大肠

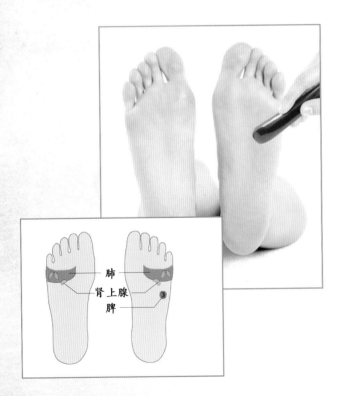

肺
肾上腺
脾

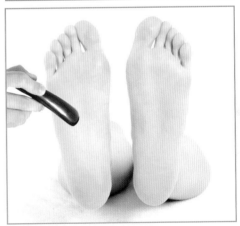

扁平疣

扁平疣是疣的一种，为皮肤良性赘生物，多见于头颈部、前胸部及手背。本病病程进展缓慢，有时可在数周或数月后突然消失，亦可持续多年不愈，愈后不留疤痕，但有复发现象。

●方法一　局部的松筋●

病损局部圆拨法

用松筋棒的钝角，分别在头颈部、前胸部或手背部的病变区内，进行顺序圆拨法。力度轻柔，以局部潮红、微热为度。如遇"母疣"，可在其周围做点拨松筋。本法操作时，手法不宜过重，以免损伤皮肤。

●方法二　相关穴位松筋●

辨证配穴松筋法

感受湿热者加风池穴、曲池穴、合谷穴、血海穴，以疏风清热、解毒散结。

肝风内动者加太冲穴以疏肝理气。

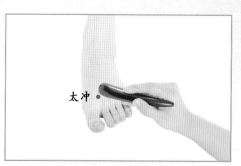

太冲

风池

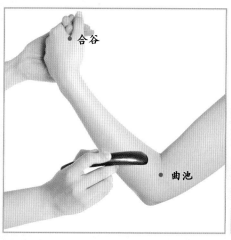

合谷

曲池

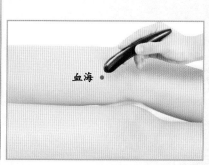

血海

正气不足者加足三里穴、关元穴、气海穴以益气固本。

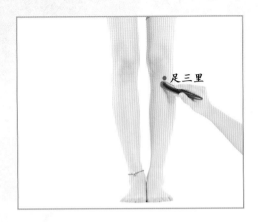

❦ 操作原理 ❦

　　诸穴同用，可培补后天、补益正气，以祛火除湿、抵御毒邪，达到治疗扁平疣的目的。

方法三　反射区松筋●

1.耳部反射区松筋

　　耳穴选取相应病变部位反射区。如两胁胀满，每与情绪变化后病情加重者，可配合肝，以调气祛肝火；如面色无华、疲乏无力者，属正气不足、卫外不固型，配脾、胃，补益后天气血。

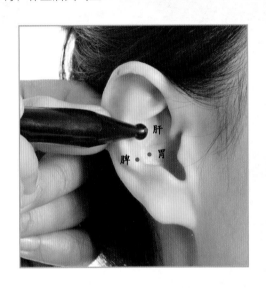

❦ 操作原理 ❦

　　本病多发生于头颈部、前胸部及手背。祖国医学认为扁平疣是由于人体感受湿热毒邪、内动肝火所致。或久病之人，正气不足、耗气伤血、卫外不固、腠理不密、遭受毒邪而引起扁平疣。所以本病的松筋治疗以局部的病损处为主，以辨证配穴为辅。

2. 足底反射区松筋

选取足底反射区中的肾上腺、肺、胸部淋巴结及相应病变部位反射区。

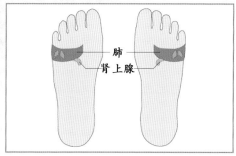

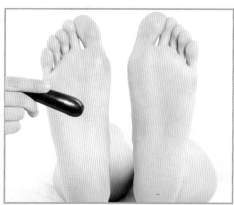

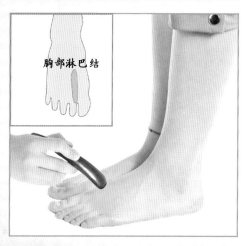

如两胁胀满，每与情绪变化后病情加重者，可配合肝，以调气祛肝火；如面色无华、疲乏无力者，属正气不足、卫外不固型，配脾、胃，补益后天气血。

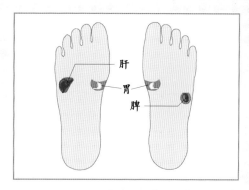

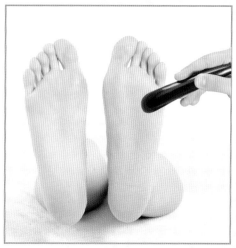

湿 疹

是一种常见的由多种内外因素引起的表皮及真皮浅层的炎症性皮肤病，一般认为与变态反应有一定关系。其临床表现具有对称性、渗出性、瘙痒性、多形性和复发性等特点。也是一种过敏性炎症性皮肤病。可发生于任何年龄、任何部位、任何季节，但常在冬季复发或加剧，有渗出倾向，慢性病程，易反复发作。

●方法一 局部的松筋●

1. 手阳明大肠经松筋

在上肢外侧前缘，手阳明大肠经经脉的循行路线上，用松筋棒的锐角，自上而下进行"Z"字形划拨的松筋。力度自轻至重，反复操作5~7次，以局部产生微热感并有酸涨感为度。

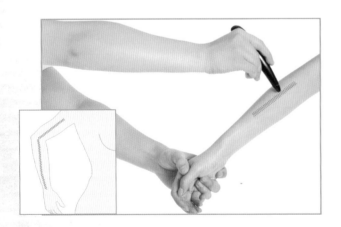

操作原理

本病是由于禀赋不耐，饮食失节，或者过食辛辣刺激荤腥动风之物，脾胃受损，失其健运，湿热内生，又兼外受风邪，内外两邪相搏，风湿热邪浸淫肌肤所致。故本病的治疗以健脾、化湿、活血、清泻的药物为主，辅以松筋疗法可增强疗效。松筋操作以手足阳明经脉循行及足太阴脾经的经脉循行为主。

2. 足阳明胃经松筋

在下肢外侧前缘，足阳明胃经经脉的循行路线上，用松筋棒的锐角，自下而上进行"Z"字形划拨的松筋。力度自轻至重，反复操作5~7次，以局部产生微热感并有酸涨感为度。

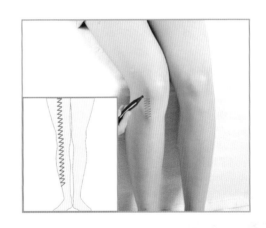

3. 足太阴脾经松筋

在下肢内侧前缘，足太阴脾经经脉的循行路线上，用松筋棒的锐角，自下而上进行"Z"字形划拨的松筋，力度自轻至重，反复操作5~7次，以局部产生微热感并有酸涨感为度。

●方法三 反射区松筋●

1. 耳部反射区松筋

选取耳穴中的神门、内分泌。

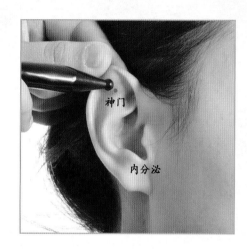

如因过食辛辣荤腥等食物而发病者，可配合脾、胃，补益脾胃，助其运化体内之湿热；还可配合肺，固其肌表，以御外邪之风内袭。

●方法二 相关穴位松筋●

相关穴位松筋

选取曲池穴、足三里穴、三阴交穴、血海穴、风市穴，做重点的开穴操作。

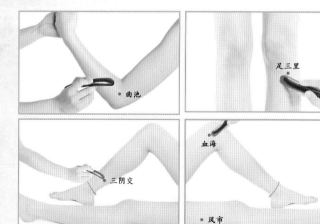

2. 足底反射区松筋

选取足底反射区中的胸部淋巴结、肾上腺、肝。

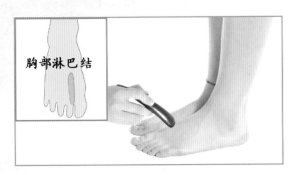

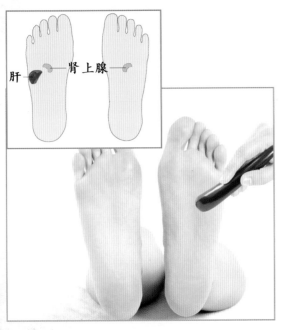

如因过食辛辣荤腥等食物而发病者，可配合脾、胃反射区，补益脾胃，助其运化体内之湿热；还可配合肺反射区，固其肌表，以御外邪之风内袭。

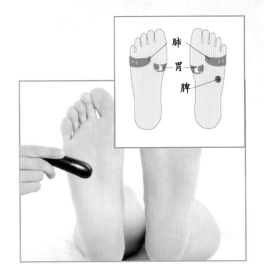

带状疱疹

是由水痘带状疱疹病毒引起的急性炎症性皮肤病，中医称为"缠腰火丹"，民间俗称"蛇盘疮"。其主要特点为簇集水泡，沿一侧周围神经做群集带状分布，伴有明显神经痛。初次感染表现为水痘，以后病毒可长期潜伏在脊髓后根神经节。免疫功能减弱，可诱发水痘带状疱疹病毒再度活动，生长繁殖，沿周围神经波及皮肤，发生带状疱疹。

●方法一 局部的松筋●

夹脊穴松筋

用松筋棒的钝角，在皮损部相应的夹脊穴上进行划拨法松筋。力度适中，以患者能够耐受为度，每个部位均反复操作1～2分钟，以局部产生微热感并有酸涨感为度。

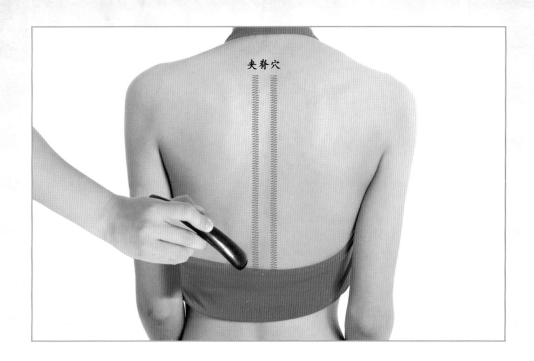

夹脊穴

●方法二　相关穴位松筋●

相关穴位松筋

选取阿是穴、支沟穴、阳陵泉穴、至阳穴做重点的开穴操作，阿是穴可促进局部疱疹结痂脱落。

操作原理

支沟穴、阳陵泉穴均为少阳经穴，可疏通腹部经气，调节少阳经气血，是治疗带状疱疹的要穴。

支沟

阳陵泉

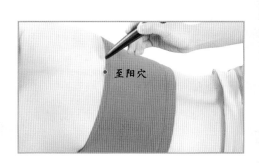

至阳穴

病变部位在腰以上者，配合曲池穴、合谷穴、外关穴重点松筋；病变部位在腰以下者，配合三阴交穴、太冲穴、血海穴重点松筋。

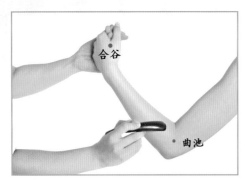

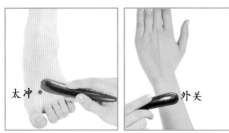

⋆·⋆ 操作原理 ⋆·⋆

上述穴位共用可起到疏通经络、祛瘀止痛之功。

1. 耳部反射区松筋

选取耳穴中的神门、内分泌、皮质下、肾上腺、肺、胰（胆）。

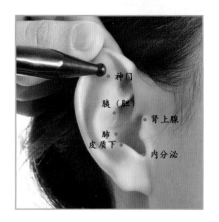

如疱疹发生部位在耳部并伴有面瘫者，则配合选取耳、面颊，消除局部的疼痛及纠正面瘫；如伴有头部后遗神经痛者，可配合颞、缘中；如疱疹发生在眼部，可配合眼、目1、目2；如疱疹发生在腰部，可配以腹、腰骶椎，治疗后遗神经痛。

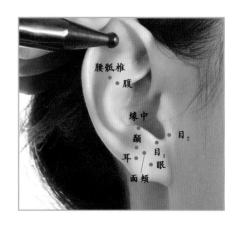

2. 足底反射区松筋

选取足底反射区中的肺、脾、肾上腺、胸部淋巴结。

根据疱疹发生部位的不同，选取相应的足部反射区，如疱疹在耳，则取耳反射区；如在眼部，选取眼反射区。

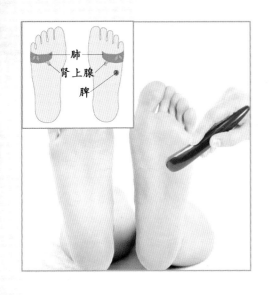

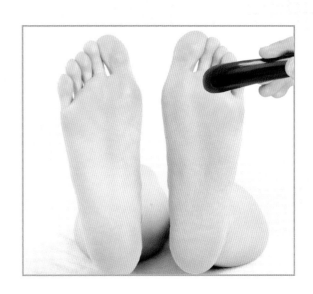

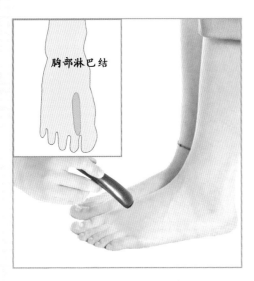

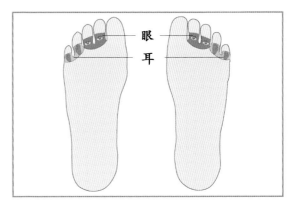

荨麻疹

荨麻疹是一种常见的皮肤病，俗称风疹团、风疙瘩（与风疹名称相似，但却非同一疾病）。是由各种因素致使皮肤黏膜血管发生暂时性炎性充血与大量液体渗出，造成局部水肿性的损害，其迅速发生与消退，有剧痒，可有发烧、腹痛、腹泻或其他全身症状。

●方法一 局部的松筋●

1.腹部任脉松筋

用松筋棒的钝角，在腹部从鸠尾穴至中极穴的任脉循行路线上，进行"Z"字形划拨松筋法。自上而下反复操作5～7次，以局部产生微热感并有酸涨感为度。

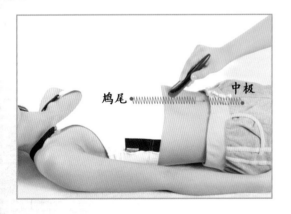

2.四肢部松筋

在上肢外侧前缘，手阳明大肠经经脉的循行路线上，下肢外侧前缘足阳明胃经经脉的循行路线上以及下肢内侧前缘足太阴脾经经脉的循行路线上。

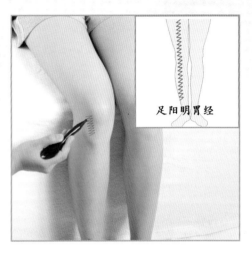

足阳明胃经

手阳明大肠经

足太阴脾经

●**方法二　相关穴位松筋**●

1. 主穴位松筋

取曲池穴、血海穴。

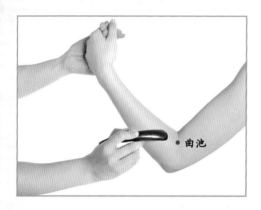

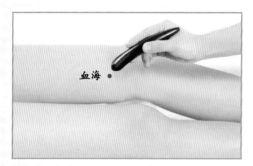

2. 配穴位松筋

取足三里穴、中脘穴、三阴交穴。

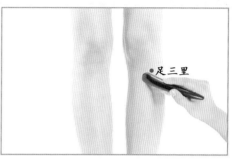

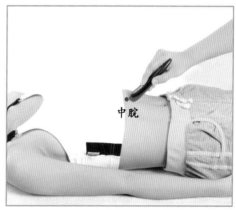

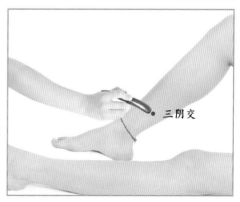

ﾟ**操作原理**ﾟ

曲池穴与血海穴是治疗各种皮肤病的要穴。

❧❧ 操作原理 ❧❧

足三里穴、中脘穴、三阴交穴可健脾胃、化水湿，把水湿浊毒运化出去，还可增强机体的抵抗力和免疫力，改善机体的过敏反应及变态反应。

●方法三 反射区松筋●

1. 耳部反射区松筋

选取耳穴中的枕、肺、肾上腺、皮质下、内分泌。配合风溪（治疗荨麻疹的常用耳穴）；如伴有发热者，可配合神门，祛除高热；如伴有腹痛、腹泻者，可配合腹、大肠、小肠，涩肠止痛，改善肠道过敏症状。

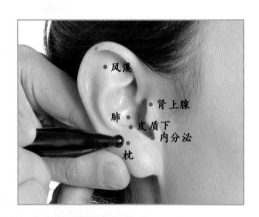

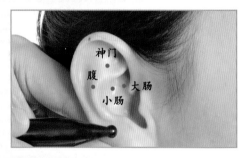

2. 足底反射区松筋

选取足底反射区中的肺、肝、胃、脾、肾上腺。

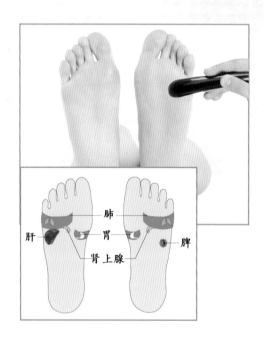

如伴有发热者，可选取胸部淋巴结，消炎清热；如伴有腹痛、腹泻者，可配以大肠，涩肠止痛，改善肠道过敏症状。

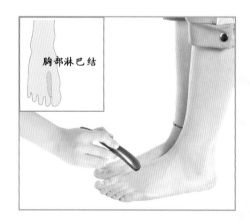

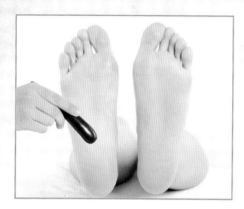

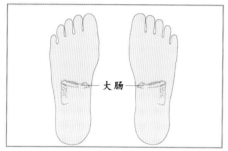

大肠

神经性皮炎

神经性皮炎是以阵发性皮肤瘙痒和皮肤苔藓化为主的慢性皮肤炎症，又称慢性单纯性苔藓，多见于青年和成年人，可分为局限型和播散型两种。现代医学认为，本病病因可能与神经系统功能障碍、大脑皮质兴奋和抑制过程平衡失调有关，精神因素被认为是主要诱因，情绪紧张、工作过劳、恐怖焦虑都可促使皮炎发生和复发。

●方法一 局部的松筋●

病损局部松筋法

用松筋棒的锐角，在病损区的边缘行均匀柔和的圆拨松筋操作。稍用力点压，保持动作的连贯性。每处病损区周围操作2～3分钟，以局部皮肤潮红、微热并有酸涨感为度。

病损局部

●方法二 相关穴位松筋●

1. 主穴松筋法

取风池穴、大椎穴、血海穴、曲池穴。

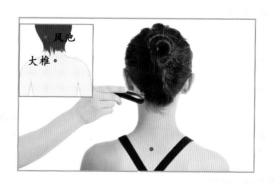

风池

大椎

在风池穴重点开穴时，有时会有酸涨感沿穴位向脑的内部渗透，效果则更好。松开风池穴与大椎穴处的筋结，使气血顺畅，可治疗湿阻引起的瘙痒。

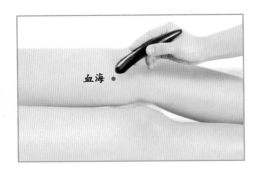

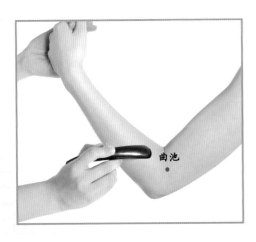

《 操作原理 》

血海穴、曲池穴是治疗皮肤病的要穴。

2. 配穴松筋法

风湿化热型患者，即热象重者，配阴陵泉穴，利水渗湿；血虚风燥型患者，即燥象重者，配三阴交穴，养阴润肤。

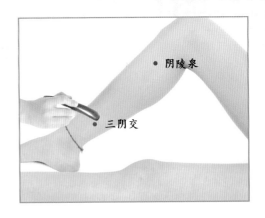

《 操作原理 》

神经性皮炎以病损局部松筋治疗为主，配合化湿润燥和具有补益作用的腧穴为重点开穴。因为祖国医学认为，本病是由患者素体阳虚、卫气不固、复感湿寒之邪、闭阻毛孔、湿浸肌肤而发痒、湿阻气血、不能荣润肌表而皮肤干燥，搔之微有脱屑。由于此病多伴有情志不畅，肝气郁结而致肌表气血运行受阻，表郁加重，故每遇心情烦躁则郁表阻气，瘙痒更甚。故还可配合疏肝的穴位配合。

● 方法三 反射区松筋 ●

1. 耳部反射区松筋

选取耳穴中的神门、内分泌、皮质下。

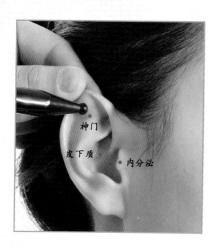

再配合脾、肾，补益先天与后天气血；配合肺，以固肌表，防止湿浸肌肤；如遇情志不畅而痒甚者，可配合肝，调畅气机。

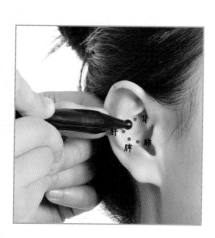

2. 足底反射区松筋

选取足底反射区中的肾上腺、胸部淋巴结。

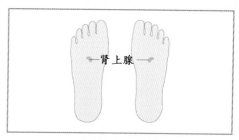

肾上腺

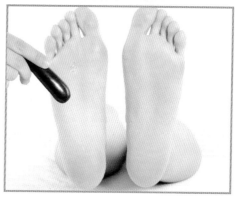

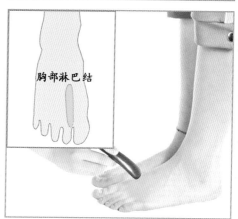

胸部淋巴结

再配合脾、肾反射区，补益先天与后天气血；配合肺，以固肌表，防止湿浸肌肤；如遇情志不畅而痒甚者，可配合肝，调畅气机。

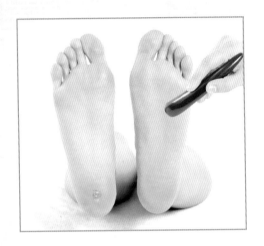

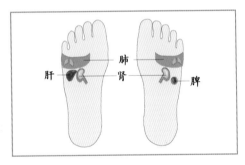

肝　肺　肾　脾

生发

生发是指增加毛发，使稀疏的毛发生长茂密，不易脱落。在正常的生理代谢情况下，我们每个人每天都会有头发脱落，同时又有新的头发生长，二者之间保持着相对平衡。但如果脱落的头发数量多，远远超过正常生长的头发则属于脱发，是疾病的表现。

●方法一　局部的松筋●

1. 督脉划拨法

用松筋棒的钝角，从前发际至后发际，顺督脉的循行方向上进行划拨的松筋手法。手法由轻到重，以患者耐受为度，由前至后划拨1～2分钟，以局部酸涨感受并微有热感为最佳。

督脉

2. 全头刮法

头顶刮法：以松筋棒的钝面在头顶部进行刮拭，力度适中，刮5～7次，以头部有微热感为度。

-◦⌒ 操作原理 ⌒◦-

　　本病多为肝血不足、思虑过度而引起，即精神因素是很重要的一方面。故本病患者应注意保持心情舒畅，积极治疗。本病的松筋操作以头部松筋为主，以疏通头部的血液循环，使血能上荣于发，再配合辨证取穴辅以治疗。

后头部刮法：以松筋棒的钝面在后头部进行刮拭，力度适中，刮5～7次，以头部有微热感为度。

侧头部刮法：以松筋棒的钝面在侧头部进行刮拭，力度适中，刮5～7次，以头部有微热感为度。

●方法二　相关穴位松筋●

1. 头顶部穴位
百会穴、四神聪穴做重点的开穴操作。

四神聪
百会

操作原理

百会穴与四神聪穴可安神定志，适用于肝血不足、思虑过度引起的脱发。

2. 后头部穴位
风池穴、风府穴做重点的开穴操作。

风府
风池

操作原理

中医学认为，发为血之余。风池穴、风府穴可疏通头部的血液循环，使血上荣于头部，则助发之生长。

3. 辨证配穴
生发穴（风池穴与风府穴连线的中点）、肾俞穴。

生发

操作原理

生发穴是经外奇穴，是治疗脱发的要穴。

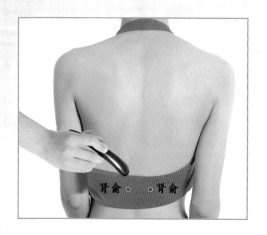

🌺 操作原理 🌺

脏腑理论认为肾其华在发，肾虚则易脱发，故取肾俞穴进行松筋操作，可生发润发。

4. 前头部穴位

头维穴、神庭穴做重点的开穴操作。

防皱除皱

防皱除皱是指预防或消除面部及颈部的皱纹。皱纹是皮肤老化最初的征兆，皱纹进一步发展，则会形成皱襞，即皮肤上较深的褶子。皮肤最初的皱纹通常会在25～30岁之间出现，皮肤的老化过程即开始，皱纹渐渐出现。出现部位的顺序一般是额—上下眼睑—外眦—耳前区—颊颈部—口周。由于皮肤特质或生活方式的不同，皮肤衰老的程度也不相同，因此应该提早预防。

●方法一 局部的松筋●

1. 眼部松筋

上、下眼睑的松筋操作均由内向外，从睛明穴缓慢地圆拨至瞳子髎穴。眼睑部的松筋操作，手法要轻，避免伤及眼球。每侧眼睑操作2～3分钟，以局部潮红、有热感为度。

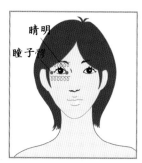

操作原理

2. 面部松筋

沿着颧弓的下缘由内向外、沿着地仓穴至听宫穴，沿着大迎穴至颊车穴，用松筋棒的钝角，进行圆拨法操作；沿着口周的肌肉，进行环形圆拨法松筋。手法要连贯，力度要适中，以患侧面部潮红、略感温热为度。

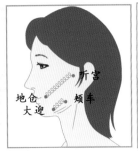

3. 额部松筋

额头部沿印堂穴至神庭穴的线路、眉头线、眉中线及眉尾线，分别进行划拨的松筋手法。操作时力度适中，以患者能够耐受为度。操作2～3分钟，以局部潮红、酸涨为止。

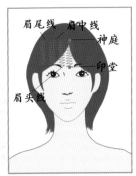

4. 颈部松筋

在颈部沿着手阳明大肠经、手太阳小肠经、手少阳三焦经的循行路线，进行划拨松筋。操作时嘱患者颈部放松，手法不宜过重，以免产生疼痛不适的感觉。每侧颈部操作2～3分钟。

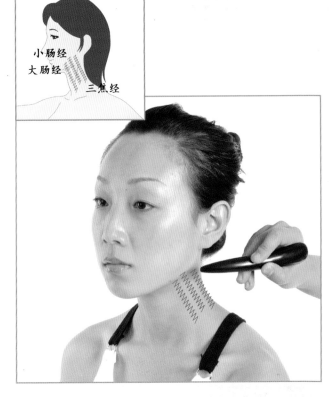

❧ 操作原理 ❧

皱纹多产生在颜面部，所以本病的松筋治疗以局部的松筋为主，来补益气血、调理脏腑、疏通面部经气、营养肌肤。